Metabolitos Secundarios Activos

Los Medicamentos que nos proporciona la Naturaleza

Diego Cortes

Valencia, 2017

Quisiera agradecer muy especialmente a mis doctoras Almudena Bermejo y Nuria Cabedo, por haber revisado el manuscrito, y a Conchi Capuz, por el diseño de la portada y su apoyo constante.

Quisiera también dedicar este manual a mis maravillosos estudiantes de las Facultades de Farmacia de Valencia, Châtenay, Rouen y Caen, que han sido los verdaderos inspiradores de este proyecto.

Valencia, Diciembre 2017
© Diego Cortes
Editor: Diego Cortes
ISBN-13: 978-1982044671
ISBN-10: 1982044675

A mis maestros,
André Cavé y Michel Leboeuf

Índice de Capítulos

Listado de Ejercicios

* Capítulo 2.- Aislamiento:

Ejercicio 1: extracción de flavonoides y THC

Ejercicio 2: extracción de cocaína

Ejercicio 3: extracción del ácido clavulánico

Ejercicio 4: extracción del ácido algínico

* Capítulo 5.- RMN:

Ejercicio 5: RMN de n-propanol

Ejercicio 6: RMN de un análogo de penicilina

Ejercicio 7: RMN de análogos del ácido mevalónico – Precursor biogenético I

Ejercicio 8: RMN de análogos del ácido cinámico – Precursor biogenético II

* Apéndices 1 y 2:

Ejercicio 9: RMN de análogos del farmacóforo de estatinas

Ejercicio 10: extracción y RMN de oseltamivir, ácido shikímico y análogos - Precursor biogenético III

Ejercicio 11: RMN de análogos de cannabinoides

Ejercicio 12: RMN y biosíntesis del ácido rigidunóico y análogos

Ejercicio 13: RMN de alcaloides tropánicos

Ejercicio 14: RMN del ácido micofenólico y análogos

Ejercicio 15: Extracción, biosíntesis y RMN de khellina y análogos

Ejercicio 16: Biosíntesis de gosipol

Ejercicio 17: RMN de pseudopterosina y análogos

Ejercicio 18: RMN de oleuropeósido y análogos

Prólogo

* En 2007, edité el manual para estudiantes **Farmacoquímica Natural (FN)**, como una alternativa al concepto de **Farmacognosia** (*conocimiento del fármaco*, según su etimología), tratando de centrar el estudio de fármacos de origen natural, es decir, de los principios activos obtenidos a partir de fuentes naturales: plantas, animales y microorganismos. En aquel entonces, ninguno de los muchos especialistas en la materia consultados, consideraron imaginable la sustitución del término **Farmacognosia**. Diez años después, introduzco el concepto de **FN** en el estudio de las moléculas naturales bioactivas, es decir, los **Metabolitos Secundarios Activos (MSA)**.

* El texto se divide en tres secciones. En la primera se incluyen las generalidades sobre **MSA**: métodos de extracción, rutas biosintéticas y datos sobre la determinación estructural: Resonancia Magnética Nuclear. Al final de la sección se muestran ejemplos que responden a las preguntas que podemos hacernos sobre el conocimiento de los mismos. En la segunda sección, se desarrollan los **MSA** que actúan a nivel de los diferentes sistemas. Para terminar, en la tercera sección, se estudian los que actúan como antiinfecciosos, antitumorales, inmunomoduladores y antivíricos.

* Se incluyen de preferencia los **MSA** utilizados en terapéutica en la actualidad, y que por tanto se encuentran en el Catálogo de Especialidades Farmacéuticas de 2017, salvo aquellos que presentan interés toxicológico, como **cocaína**. No se hace mención de **MSA** que han tenido gran interés terapéutico en el pasado, pero que en la actualidad han dejado de utilizarse, la mayor parte de las veces debido a sus efectos secundarios. Tampoco forman parte de este manual las plantas medicinales utilizadas por su globalidad, de las que se desconoce la molécula responsable de su actividad, y que son el objetivo de la Fitoterapia.

* Cabe destacar la obtención de **MSA**, o de alguno de sus precursores, mediante técnicas de ingeniería genética o a partir de microorganismos capaces de biosintetizarlos por fermentación. Uno de los ejemplos más recientes lo constituye el sesquitepeno antipalúdico **artemisinina**, cuya producción se ha visto mejorada, a través de una levadura modificada con genes de *Artemisia*. Otro ejemplo lo vemos en el procedimiento de obtención de **trabectedina**, el nuevo antitumoral de orígen marino, cuyo precursor lo biosintetiza por fermentación la bacteria *Pseudomonas fluoescens*. Se trata de nuevas herramientas que en el futuro se verán extendidas, para elaborar cada vez mayor número de **MSA**.

* En cuanto a la terminología, se ha unificado en los conceptos de **MSA** y en el de las **Materias Primas (MP)** que los contienen, para designar a los auténticos protagonistas de este texto, desterrando términos más amplios, pero también más ambiguos, como principio activo (reservado a fármacos preparados por síntesis) y droga (cuyas acepciones son múltiples en las diferentes lenguas). Sin embargo, se ha mantenido el insustituible término "**prodroga**" para referirse a moléculas que deben someterse a una transformación en el organismo ante de actuar. Por otra parte, se han mantenido términos clásicos que definen la estructura de los **MSA** correspondientes, tales como alcaloide, flavonoide, estatina, y tantos otros. Pero se ha preferido utilizar el término "**glicósido**", para referirse a los numerosos **MSA** que contienen en su estructura una porción azucarada, en lugar de heterósido, que presta a confusión.

DC, 18 de Diciembre de 2017

Sección I. *Introducción*

Capítulo 1.-

Metabolitos Secundarios Activos - Generalidades

Capítulo 1.- *Metabolitos Secundarios Activos - Generalidades*

1- Introducción. Materias Primas (MP) y MSA
2- Origen biológico: MP de origen vegetal, animal, microbiano y marino

1.- Introducción. Materias primas y Metabolitos Secundarios Activos

¿Cuál es el objetivo de este manual?

* Desde siempre, el ser humano ha utilizado los recursos de la naturaleza para garantizar su salud. La medicina Ayurveda en India (6000 ac), la egipcia (1500 ac), la china y la griega (400 ac) nos han dejado muestras de la utilización de plantas y animales para curar enfermedades y de venenos para eliminar a los enemigos. El romano Dioscórides, hacia el 50 ac, fue el primero que escribió un compendio sobre las plantas medicinales que se utilizaban por entonces: *De Materia Médica*. Durante siglos ese texto, traducido a todos los idiomas, sirvió de guía al mundo sanitario.

* No fue hasta 1806, cuando un farmacéutico alemán, Sertürner, aislara por primera vez un compuesto químico definido a partir de una fuente natural, la **morfina** del opio. Más de un siglo después, en 1928, el médico inglés Fleming, descubrió la molécula natural que revolucionaría la terapéutica mundial: la **penicilina**.

morfina   penicilina

* **Morfina** y **penicilina**, son **Metabolitos Secundarios Activos (MSA)**. Los **MSA** son por tanto, moléculas bioactivas que se biosintetizan en la naturaleza, a partir de metabolitos primarios, y a través de precursores generados en la glicólisis. Las fuentes naturales que los suministran, son **Materias Primas (MP)** de origen animal, de origen vegetal (las más abundantes), de origen microbiano y de origen marino. Los **MSA** se localizan normalmente en una parte o un órgano de la **MP**: hojas, cortezas, raíces, frutos o semillas, en **MP** vegetales; órganos diversos en **MP** animales; y en cepas seleccionadas en **MP** microbianas.

* El objetivo de este texto por tanto, se centra en el conocimiento de todo lo relacionado con los **MSA**, moléculas naturales con actividad farmacológica y que forman parte de medicamentos utilizados en terapéutica.

 # Medicamentos de origen natural
A partir de **MP (Materias Primas)**:
* de origen **vegetal - animal - microbiano**
* de origen **marino**
* mediante técnicas de **ingeniería genética**

⟹

 # MSA (Metabolitos Secundarios Activos)
* substancias biosintetizadas en las **MP**, a partir de **metabolitos primarios**: glúcidos, lípidos y aminoácidos
* presentan **Propiedades Farmacológicas**

* Para la obtención de los **MSA**, las **MP** de <u>origen vegetal y animal</u>, una vez recolectadas deben ser sometidas a dos procesos. El primero es la desecación, que consiste en eliminar la mayor parte del agua que contiene un ser vivo para impedir que se produzcan transformaciones en los **MSA**. El segundo es la pulverización o fragmentación, lo que permite que los disolventes accedan más fácilmente a las células que contienen los **MSA** y puedan de esta forma ser extraídos con eficacia.

* Los **MSA** generados en **MP** de <u>origen microbiano</u>, se obtienen por **fermentación**, por lo que un procedimiento previo a la extracción, consiste en la lisis de las células que los contienen, cuando los **MSA** tienen una localización endocelular.

* Actualmente, mediante técnicas de <u>ingeniería genética</u>, aislamiento de genes y clonación en organismos hospedadores, se obtienen **MSA** que son poco abundantes en la naturaleza.

* La naturaleza sigue siendo hoy día <u>fuente de inspiración</u> en el diseño de medicamentos de síntesis. Además, numerosos **Metabolitos Secundarios (MS)** inactivos o sin un verdadero interés farmacológico, están siendo utilizados en la industria farmacéutica como productos de partida en la síntesis de nuevos medicamentos.

¿Qué nos interesa saber acerca de los MSA?

* En el esquema que vemos a continuación, se resumen las <u>seis cuestiones</u> principales que debemos conocer de cada **MSA** o al menos del representante principal de cada grupo o "<u>cabeza de serie</u>".

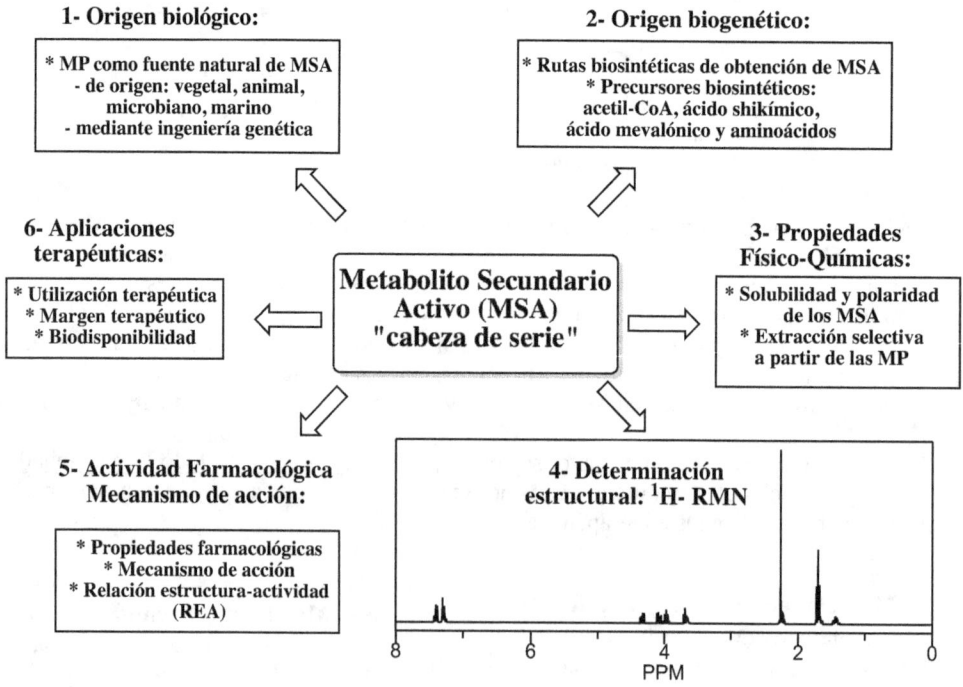

MSA "cabeza de serie"

* La <u>Farmacognosia</u> o <u>Farmacoquímica Natural</u>, estudia **MSA** obtenidos a partir de **MP** naturales. Guarda estrecha relación con materias que estudian los fármacos de síntesis, <u>Química Farmacéutica</u>, y la actividad y mecanismo de acción de los mismos, <u>Farmacología</u>.

* Un fármaco, es un **MSA** (de origen natural) o un principio activo **(PA)** (de origen sintético), con actividad farmacológica, utilizado en terapéutica y por lo tanto forma parte de un medicamento. Los medicamentos puede contener uno o más fármacos.

* Definición de fármaco según Rang y Dale: *Es una sustancia química de estructura conocida, diferente a un nutriente o un componente alimentario esencial, que produce un efecto biológico cuando se administra a un ser vivo.*

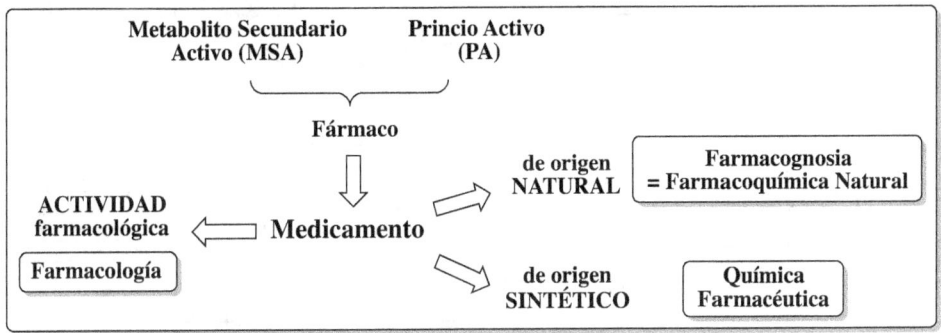

Materias que se ocupan del conocimiento de fármacos

2.- Origen biológico: MP de origen vegetal, animal, microbiano y marino

A partir de plantas: ejemplo de la galanthamina

* La **galanthamina**, es un alcaloide, es decir, un **MSA** nitrogenado con carácter básico y biosintetizado a partir de aminácidos, que ha sido incorporado recientemente en terapéutica para paliar los efectos de la enfermedad de Alzheimer, al ser capaz de inhibir la enzima acetilcolinesterasa **[véase Capítulo 10, apdo 2.4]**.

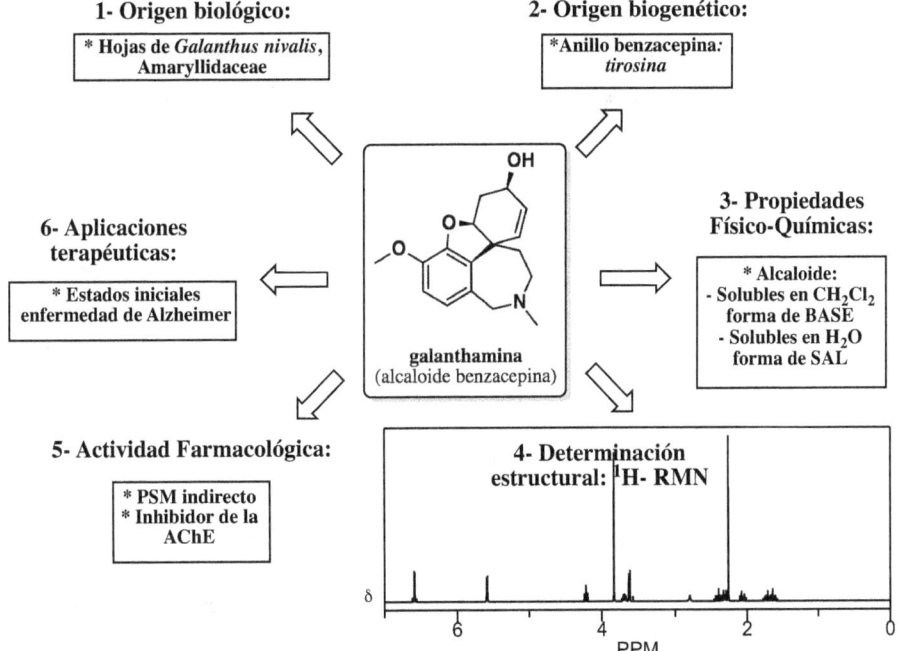

A partir de animales: ejemplo de la insulina

* La **insulina**, es una proteína esencial en el organismo para regular los niveles de glucosa en sangre. Se administra a pacientes con diabetes, y se obtiene por extracción a partir de **MP** animales y mediante ingeniería genética **[véase Capítulo 9, apdo 3]**.

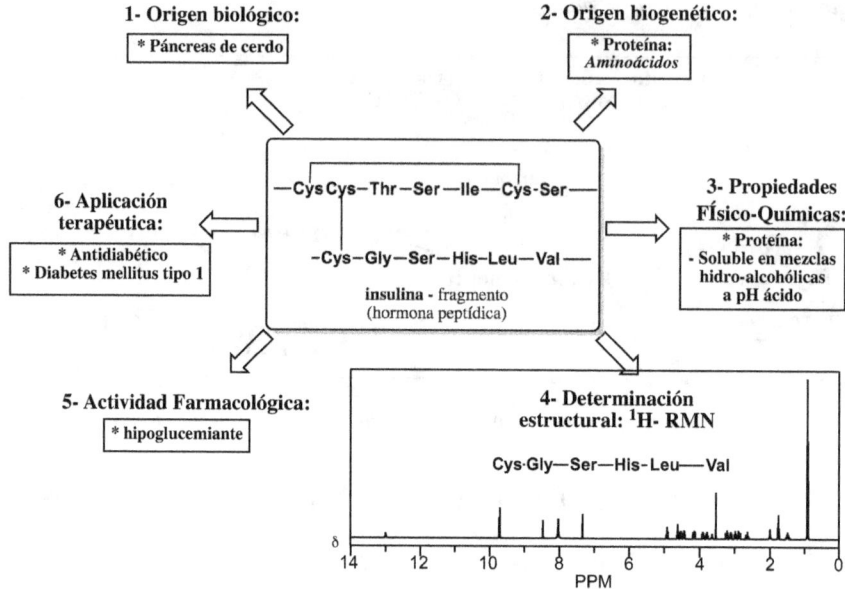

A partir de microorganismos: ejemplo de las estatinas

* Las estatinas, impiden que se sintetice el **ácido mevalónico** a nivel hepático, precursor clave en la biosíntesis del **colesterol**. Forman parte de los **MSA** que se obtienen por fermentación **[véase Capítulo 9, apdo 1]**.

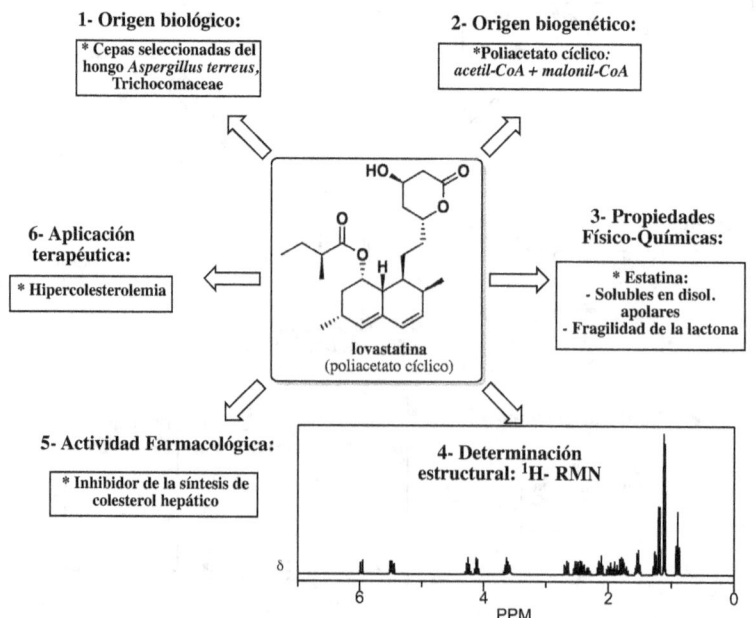

A partir de organismos marinos: ejemplo de la trabectedina

* **Trabectedina o Yondelis**, es un antitumoral de nueva generación, que actúa directamente sobre el surco menor del DNA. Fue descubierto en un tunicado caribeño, aunque actualmente se obtiene industrialmente a partir de una especie de *Pseudomonas*, capaz de biosintetizar un precursor [**véase Capítulo 17, apdo 5**].

1- Origen biológico:

* **Tunicado marino:**
Ecteinascidia turbinata

2- Origen biogenético:

Alcaloide isoquinoleínico:
tirosina

6- Aplicación terapéutica:

* **Cáncer de ovario**
* **Sarcoma de tejido blando**

3- Propiedades Físico-Químicas:

* **Fermentación bacteria produce precursor:**
Pseudomonas fluorescens
- Solubles en CH_2Cl_2 forma de BASE

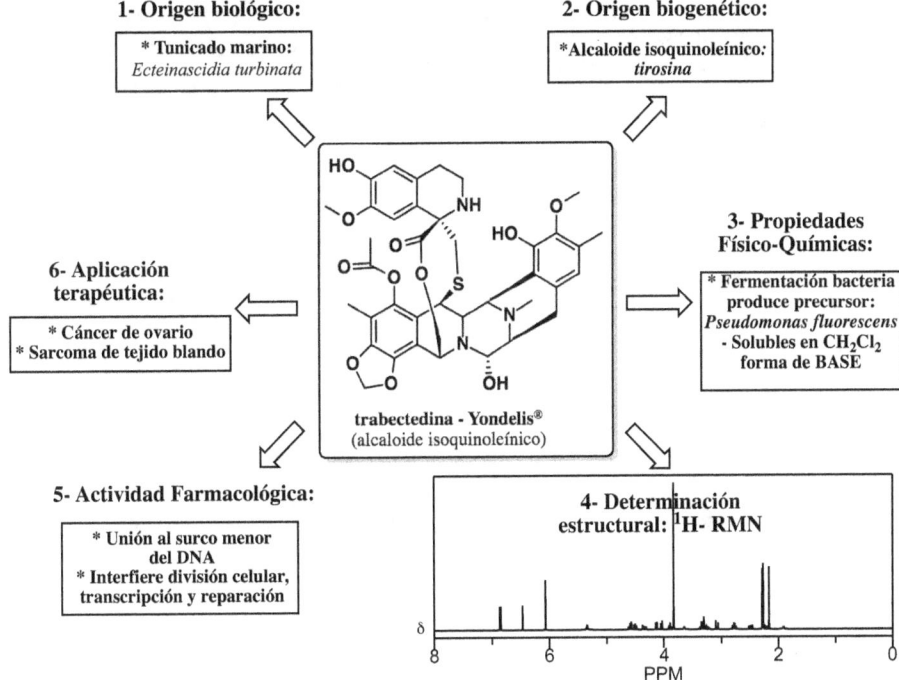

trabectedina - Yondelis®
(alcaloide isoquinoleínico)

5- Actividad Farmacológica:

* **Unión al surco menor del DNA**
* **Interfiere división celular, transcripción y reparación**

4- Determinación estructural: ^{1}H- RMN

δ

8   6   4   2   0

PPM

Capítulo 2.-

Aislamiento de MSA: Métodos de extracción y purificación

Capítulo 2.- *Aislamiento de MSA: Métodos de extracción y purificación*

1- Extracción S/L
2- Métodos de purificación. Extracción L/L
   Cromatografía en columna
3- Ejemplos de aislamiento de MSA

1.- Extracción S/L

Operaciones previas (las dos primeras imprescindibles, la tercera opcional).

* **Desecación**: eliminar la mayor parte del agua de una **MP** para evitar transformaciones químicas y enzimáticas en los **MSA**.
* **Pulverización**: el grado de división será distinto en cada **MP**, pero imprescindible para que el disolvente pueda acceder al **MSA**.
* **Desengrasado**: en **MP** con grandes cantidades de sustancias lipídicas, el desengrasado con hexano puede facilitar la extracción posterior de **MSA**.

Extracción S/L. Principio: <u>difusión</u> de disolvente a través de la **MP**, <u>disolución</u> de **MSA**.

* **MP**: Baja concentración en **MSA**, con frecuencia en mezclas complejas.
* **MSA**: moléculas frágiles: hidrólisis, oxidaciones, epimerizaciones.
* **Disolventes**: elección del <u>disolvente selectivo</u> para cada **MSA**.

Serie eluotrópica de disolventes:

Grupo 1- apolares
* n-hexano, n-heptano
* ciclohexano
* tolueno
* xileno

Grupo 2- polaridad media
* éter etílico
* diclorometano
* cloroformo
* acetato de amilo
* acetato de etilo

Grupo 3- polares
* acetona
* etanol
* metanol

Grupo 4- soluciones acuosas
* agua y soluciones alcalinas y ácidas

Métodos de extracción S/L

* Extracción por contacto simple: **maceración**. En la industria **Tourner**: macerador - agitador. Aplicación de calentamiento moderado.
* Extracción continua por contacto múltiple: **Soxhlet**. En la industria extractor universal tipo soxhlet. Usa la temperatura de ebullición del disolvente.
* Extracción con **fluidos supercríticos**: a presión elevada y temperatura moderada ciertos gases, como el CO_2, en estado supercrítico presentan un elevado poder disolvente. Ideal para extraer sustancias lipófilas.

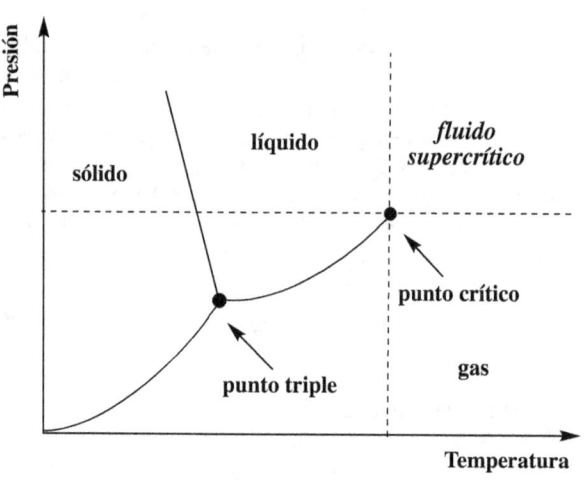

Destilación, arrastre en corriente de vapor

* Principio: Obtención de **MSA** volátiles de bajo punto de ebullición.
* Arrastre en corriente de vapor: ideal para extraer **aceites esenciales**, mezcla de terpenos y fenilpropanoides de bajo pm.

2.- Métodos de purificación. Extracción L/L. Cromatografía en columna

Purificación de MSA: extracción L/L

* Principio: <u>dispersión</u> de un soluto entre dos disolventes inmiscibles (agitación), seguido de la <u>decantación</u> (separación de las dos fases).
* **Coeficiente de reparto (λ)**: relación entre la concentración molar de un soluto entre las dos fases A y B.

$$\lambda = C_B / C_A$$

* Aparatos: embudo de decantación. Mezcladores-decantadores.
* **Miscibilidad** de los disolventes de la serie eluotrópica:
  - MISCIBLES: Los disolventes del Grupo 3 (polares), son miscibles en la mayor parte de disolventes poco polares (Grupos 1 y 2), y en las soluciones acuosas del Grupo 4.
  - INMISCIBLES ideales para la separación L/L: Disoluciones acuosas + disolventes orgánicos de los Grupos 1 ó 2.

Purificación de MSA: cromatografías en columna

* Adsorción / desorción: **MSA** de polaridad media o baja.
* Reparto o fase inversa: especialmente **MSA** polares.
* Resinas cambiadoras de iones: **MSA** iónicos.
* Gel filtración o exclusión molecular **(Sephadex)**: MSA con diferente tamaño.

Aislamiento de MSA

* Principio: proceso combinado de extracción y purificación.
* Objetivo: obtención del **MSA** puro a partir de una **MP**.

3.- Ejemplos de Aislamiento de MSA

Ejercicio 1: extracción de flavonoides y THC

* A partir de la sumidad de Cáñamo indiano, se extraen tres **MSA**:
 - un **flavonoide (1)**, un **glicósido flavónico (2)**, y
 - el **tetrahidrocannabinol (THC) (3)**
 [véanse Capítulo 3, apdos 2.4 y 3.6]

* ¿Cómo se diseñaría un proceso de <u>aislamiento</u>, extracción + purificación, de los tres **MSA**?

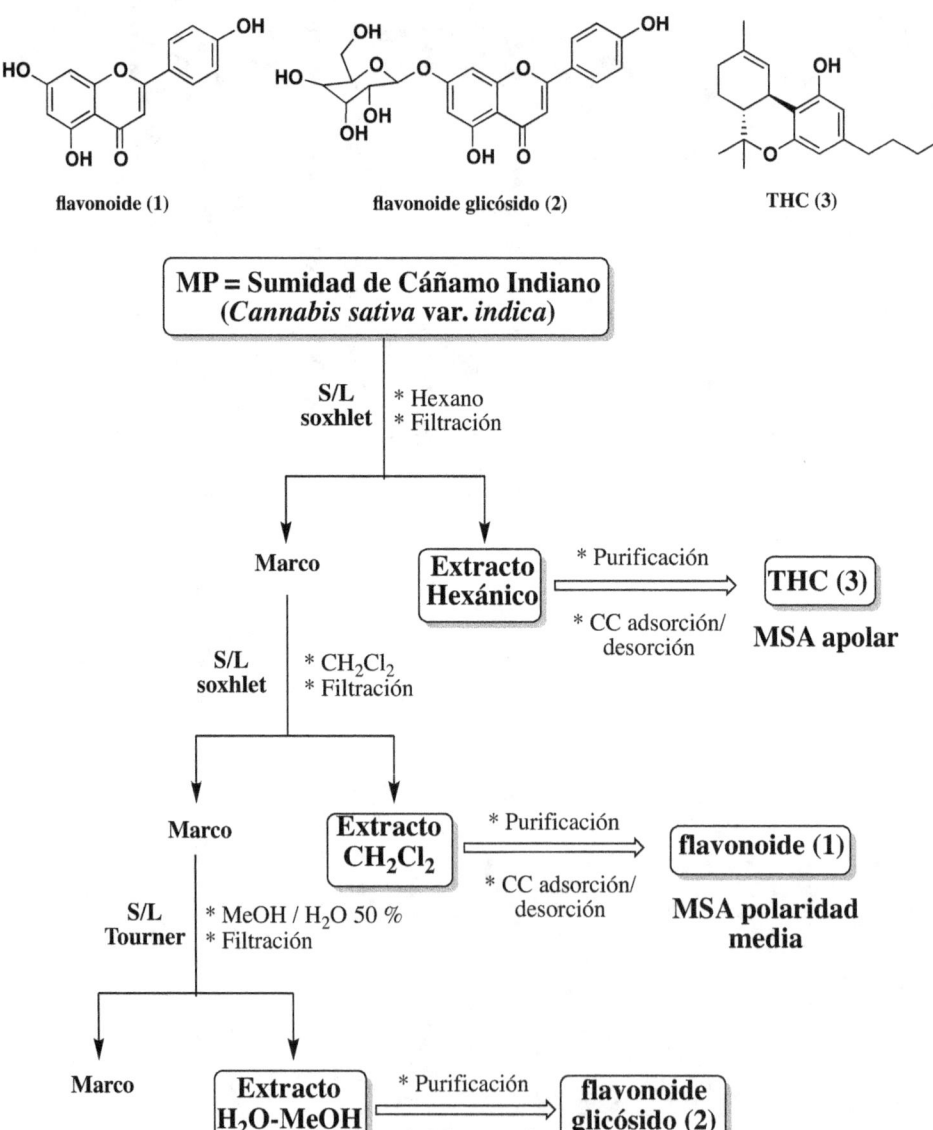

flavonoide (1)   flavonoide glicósido (2)   THC (3)

Solución al Ejercicio 1. Polaridad de los MSA "neutros"

* Cada tipo de **MSA** tiene la polaridad que le proporciona su estructura química. ¿Qué disolventes disuelven a qué **MSA**? "Lo semejante disuelve a lo semejante".

* Las moléculas lipófilas con estructura hidrocarbonada, se solubilizan en disolventes apolares, Grupo 1: hidrocarburos, como el hexano [véase apdo 1, presente Capítulo].

* Disolvente ideal para la mayor parte de los **MSA**: disolventes de polaridad media, Grupo 2: CH_2Cl_2

* Los **MSA glicosilados**, son solubles en disolventes polares: Grupos 3 y 4. Disolvente ideal para su extracción: mezclas hidro-alcohólicas (por ejemplo MeOH-H_2O 50:50).

* Características físico-químicas de las tres **MSA** del **Ejercicio 1**:

Ejercicio 2: extracción de cocaína

* En las hojas de Coca, como en todas las **MP** que contienen alcaloides, **MSA** con nitrógeno amínico, la **cocaína** [véase **Capítulo 4, apdo 1.2**] coexiste en sus dos formas: BASE (**1**) y SAL (**2**).

* ¿Cómo se diseñaría un proceso de <u>aislamiento</u> de **cocaína**: extracción + purificación?

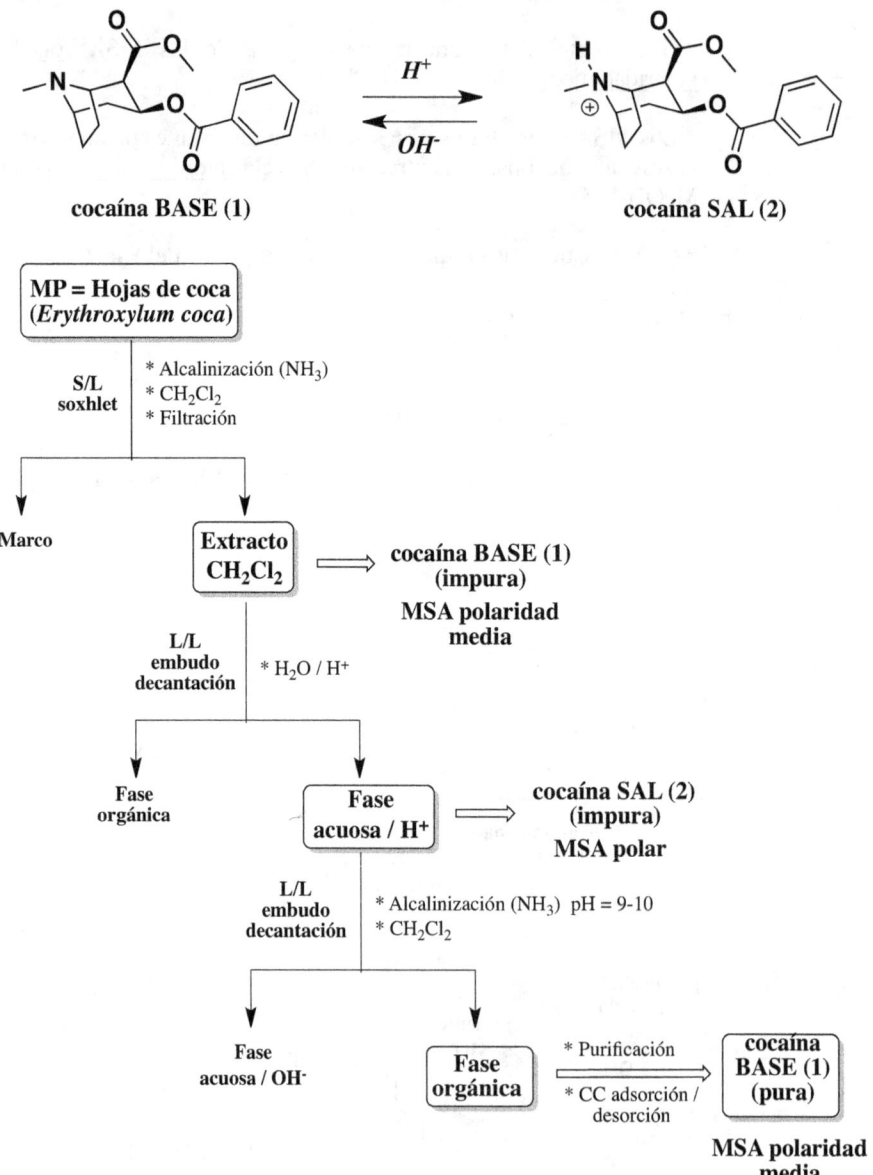

Solución al Ejercicio 2. Polaridad de MSA "iónicos": aminas

* Los alcaloides son en su mayoría aminas con carácter básico. En función del pH pueden pasar de forma de BASE a forma de SAL, y viceversa.

* En forma de BASE son solubles en <u>disolventes de polaridad media</u>, como el CH_2Cl_2 (Grupo 2), e insolubles en agua **[véase apdo 1, presente Capítulo]**.

* En forma de SAL, son solubles en <u>agua</u> (Grupo 4), e insolubles en disolventes orgánicos de polaridad media.

* El MeOH y el EtOH (disolventes del Grupo 3) son capaces de disolver tanto las formas de BASE como las formas de SAL.

* Características físico-químicas de los **MSA** del **Ejercicio 2**:

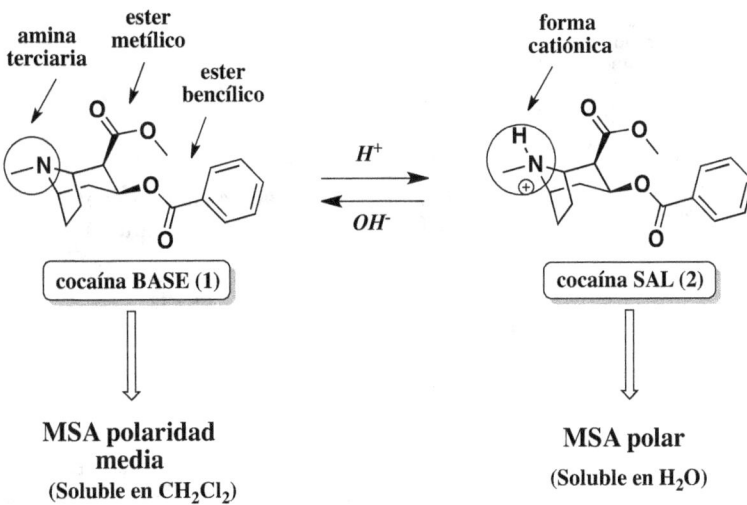

Ejercicio 3: extracción del ácido clavulánico

* El **ácido clavulánico** es un antibiótico β-lactámico procedente del cultivo de *Streptomyces clavuligerus*, utilizado como inhibidor de las β-lactamasas, enzimas responsables de la resistencia bacteriana a la **penicilina [véase Capítulo 16, apdo 3]**.

* ¿Cuales serían las pautas generales de aislamiento del **ácido clavulánico** a partir de un mosto de fermentación de *Streptomyces clavuligerus*?

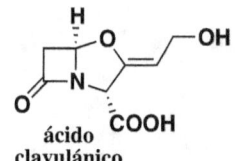

ácido
clavulánico

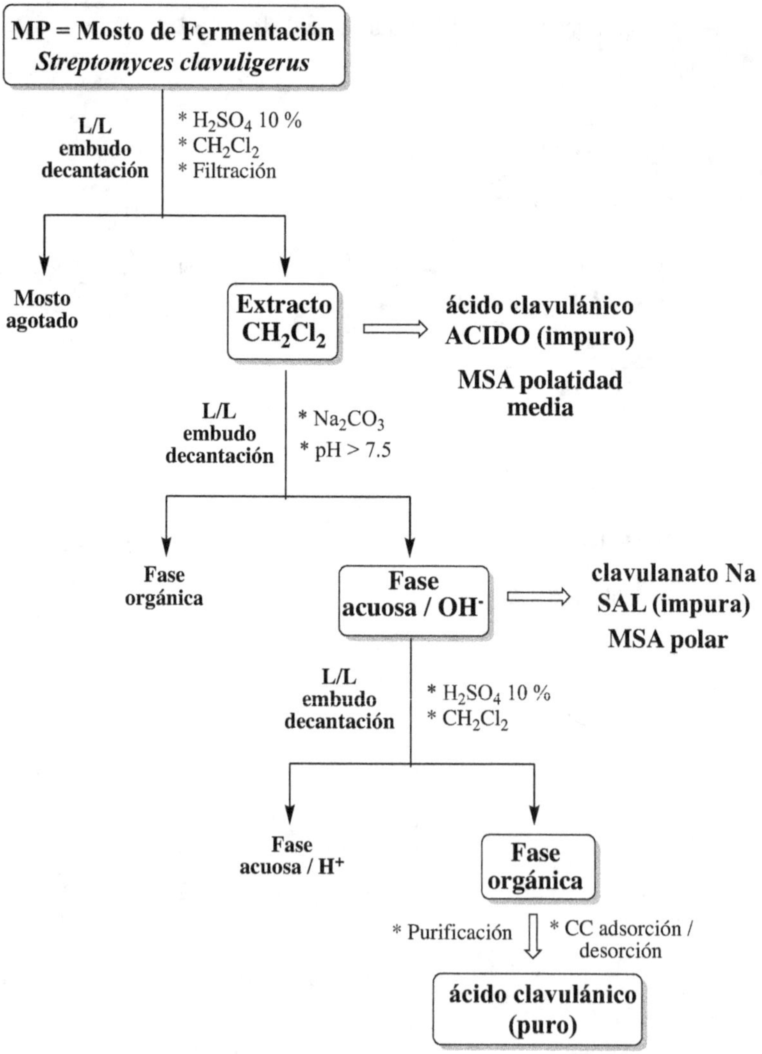

MP = Mosto de Fermentación
Streptomyces clavuligerus

L/L
embudo
decantación

* H_2SO_4 10 %
* CH_2Cl_2
* Filtración

**Mosto
agotado**

**Extracto
CH_2Cl_2** ⟹ ácido clavulánico
ACIDO (impuro)

**MSA polatidad
media**

L/L
embudo
decantación

* Na_2CO_3
* pH > 7.5

**Fase
orgánica**

**Fase
acuosa / OH⁻** ⟹ clavulanato Na
SAL (impura)

MSA polar

L/L
embudo
decantación

* H_2SO_4 10 %
* CH_2Cl_2

**Fase
acuosa / H⁺**

**Fase
orgánica**

* Purificación   * CC adsorción /
desorción

**ácido clavulánico
(puro)**

Solución al Ejercicio 3. Polaridad de MSA "iónicos": ácidos

* El **ácido clavulánico** o cualquier **MSA** con grupos ÁCIDOS, forma SALES solubles en agua a pH alcalino y vuelve a la forma molecular a pH ácido. Como en el caso de la **penicilina**, al ser una molécula frágil (posee una β-lactama), los cambios de pH no deberán ser drásticos [**véase Capítulo 16, apdo 1**].

* En forma de ÁCIDO son solubles en <u>disolventes de polaridad media</u> (Grupo 2), como el CH_2Cl_2, e insolubles en agua.

* En forma de SAL, son solubles en <u>agua</u> (Grupo 4) e insolubles en disolventes orgánicos de polaridad media.

* El MeOH y el EtOH (disolventes del Grupo 3) son capaces de disolver tanto las formas de ÁCIDO como las formas de SAL.

* Características físico-químicas del **ácido clavulánico**:

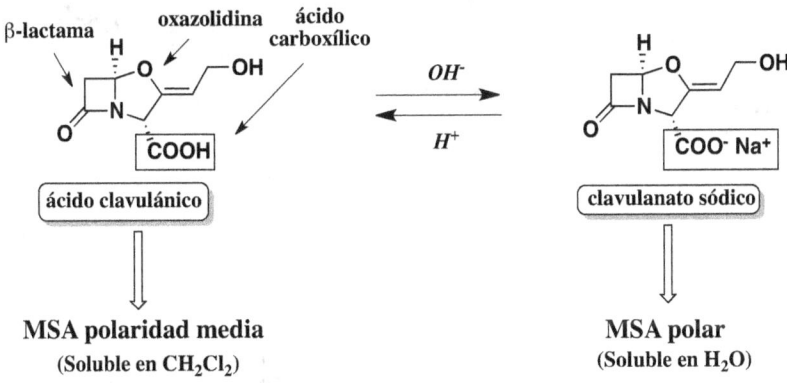

MSA polaridad media
(Soluble en CH_2Cl_2)

MSA polar
(Soluble en H_2O)

Ejercicio 4: extracción del ácido algínico

* En los talos de *Ficus vesiculosus*, Phaeophyceae, alga parda frecuente en los mares del hemisferio norte, se extrae el **ácido algínico**, poliholósido heterogéneo con un pm entre 20 y 200 x 10^3 uma. Está constituido por uniones β (1-4) de **ácidos urónicos**, y se utiliza como láxante mecánico y protector gástrico [**véase Capítulo 7, apdo 2.1**].

¿Cómo se diseñaría un proceso de <u>aislamiento</u> de **ácido algínico**: extracción + purificación?

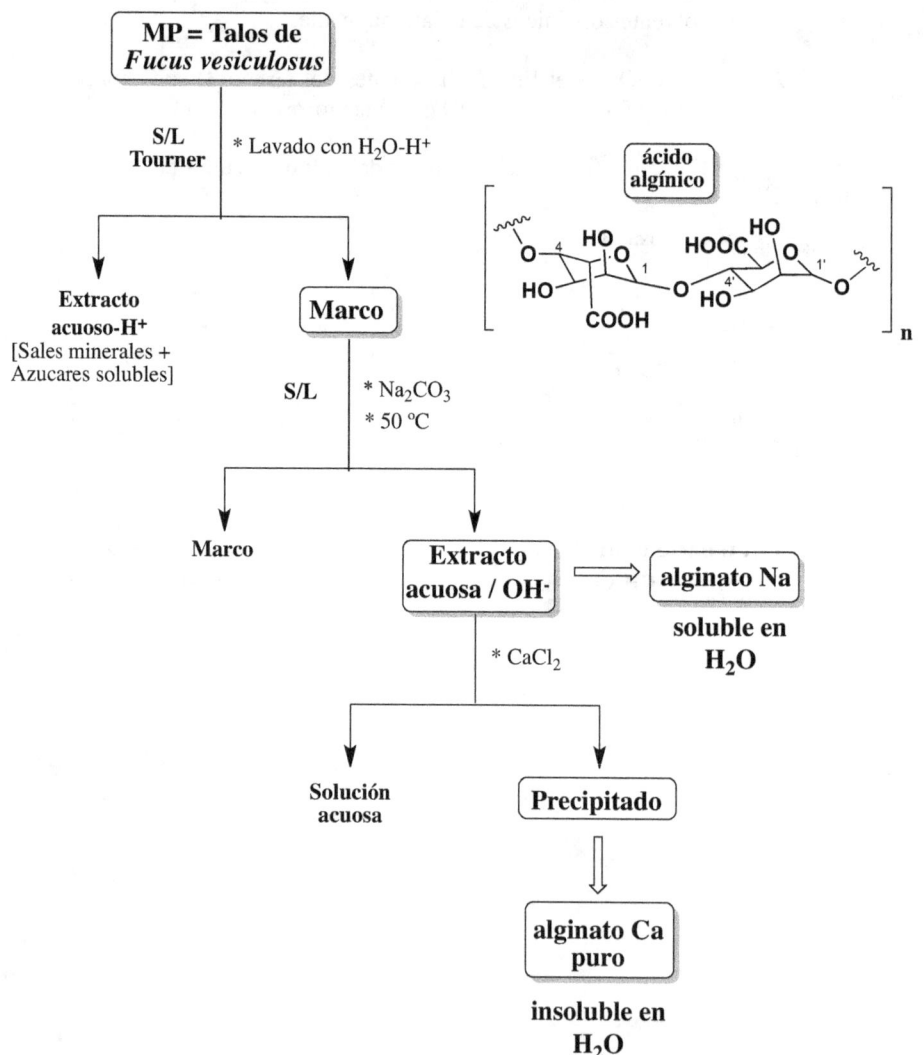

Solución al Ejercicio 4. Polaridad de los poliholósidos

* Los poliholósidos son macromoléculas de alto pm, entre 100 mil y un millón, muy hidrófilas debido a que contienen miles de grupos OH, y algunos grupos ácidos y básicos: COO⁻, SO_4H^- y NH_2.

* Son capaces de formar hidrocoloides en soluciones acuosas.

* El disolvente de elección para extraerlos es el <u>agua o las soluciones acuosas alcalinas o ácidas</u>, según que los monosacáridos que lo componen tengan grupos ácidos o básicos.

* El **ácido algínico** tiene la particularidad de ser insoluble en agua, pero soluble en soluciones alcalinas. La sal cálcica es también insoluble, hecho que se utiliza para purificar dicho poliholósido.

* Los poliholósidos son insolubles en disolventes del Grupo 3 (MeOH y EtOH), por lo que estos disolventes se añaden a los extractos acuosos, provocando la precipitación del poliholósido y por tanto facilitando la purificación del compuesto [**véanse Capítulo 7, apdo 2.1 y Capítulo 8, apdo 1**].

* Características físico-químicas del **ácido algínico**:

Unión β (1-4)

**MSA polímero
hidrófilo**

Capítulo 3.-

Biosíntesis de MSA: poliacetatos, shikimatos e isoprenoides

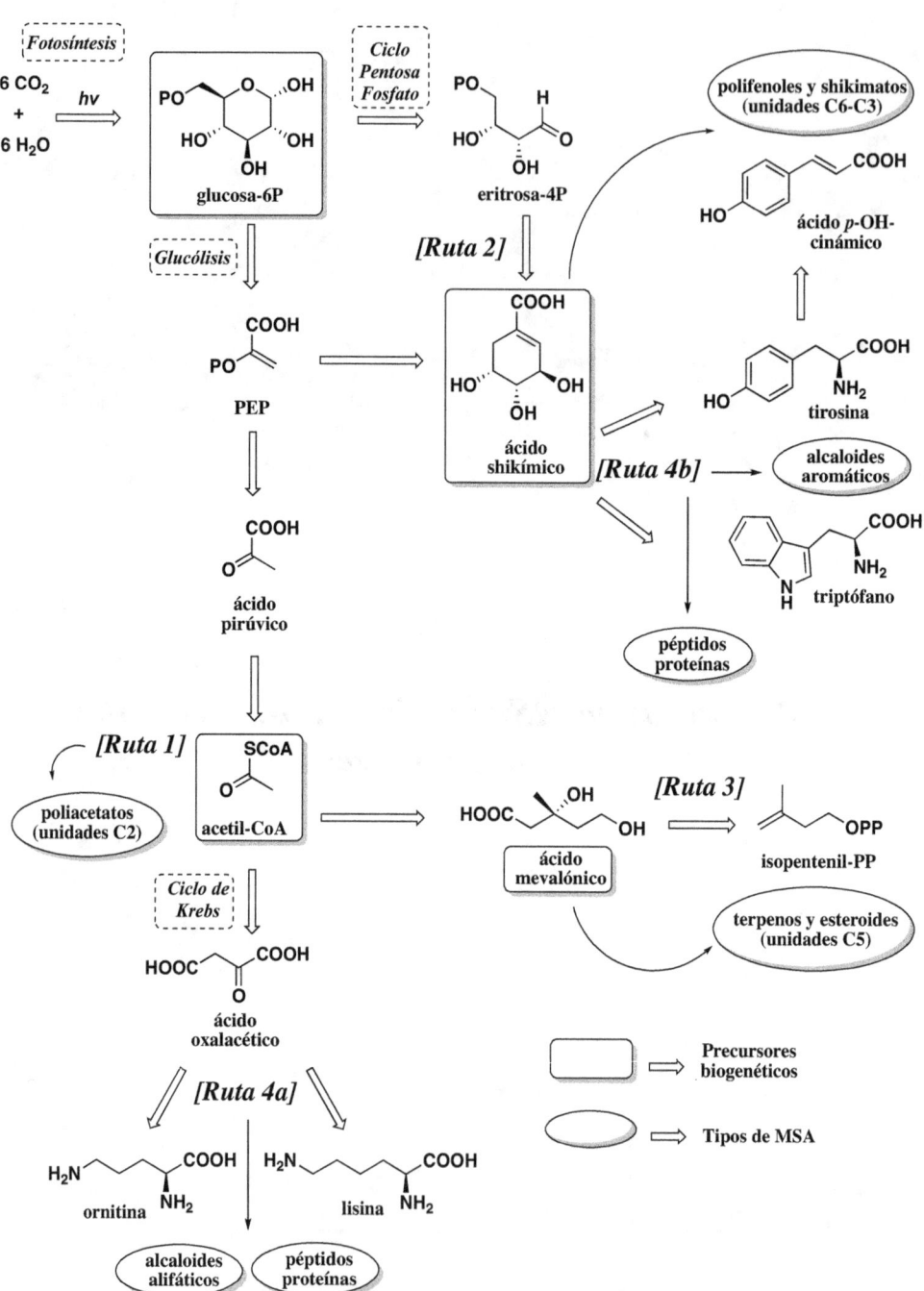

Biosíntesis de MSA

Capítulo 3.- *Biosíntesis de MSA: poliacetatos, shikimatos e isoprenoides*

1- Biosíntesis de precursores
2- Biosíntesis de poliacetatos
     2.1- Biosintesis de ácidos grasos
     2.2- Biosíntesis de AGE y prostaglandinas
     2.3- Acetogeninas de Annonaceae
     2.4- Biosíntesis de poliacetatos cíclicos
3- Biosíntesis de shikimatos
     3.1- Biosíntesis de aminácidos aromáticos: fenilalanina y tirosina
     3.2- Biosíntesis de aminácidos aromáticos: ácido antranílico y triptófano
     3.3- Biosíntesis de ácido cinámico
     3.4- Biosíntesis de lignanos
     3.5- Biosíntesis de cumarinas
     3.6- Biosíntesis de flavonoides
     3.7- Biosíntesis de taninos y antocianos
     3.8- Biosíntesis de tocoferoles
4- Biosintesis de isoprenoides
     4.1- Biosíntesis de monoterpenos: geranil difosfato
     4.2- Biosíntesis de iridoides: monoterpenos ciclopentano
     4.3- Biosíntesis de sesquiterpenos: farnesil difosfato
     4.4- Biosíntesis de diterpenos: geranil geranil difosfato
     4.5- Biosíntesis de triterpenos: escualeno
     4.6- Biosíntesis de esteroides
5- Tipos de MSA poliacetatos, shikimatos e isoprenoides
     5.1- Poliacetatos
     5.2- Metabolitos mixtos: acetil-CoA + ácido mevalónico
     5.3- Shikimatos
     5.4- Metabolitos mixtos: ácido shikímico + acetil-CoA
     5.5- Isoprenoides

1.- Biosíntesis de precursores

* A través de la <u>glucólisis</u> se generan los precursores de los **MS**: **acetil-CoA**, **ácido mevalónico** y **ácido shikímico**. Mediante diversas rutas biosintéticas, esos precursores dan lugar a los diferentes **MSA** encontrados en la naturaleza.

    # **Ruta 1**: El **acetil-CoA** se forma por descarboxilación oxidativa de la ruta glicolítica del **ácido pirúvico**. También se produce por la β-oxidación de los ácidos grasos, siendo estos biosintetizados a partir de unidades de **acetil-CoA**. **MS** que se biosintetizan por esta ruta: 1) poliacetatos lineales: ácidos grasos, prostaglandinas; 2) poliacetatos cíclicos: compuestos alifáticos, estatinas, y aromáticos *meta*-hidoxilados, antraquinonas y tetraciclinas.

    # **Ruta 2**: El **ácido shikímico** se forma mediante la combinación del **fosfoenolpiruvato** (**PEP**) con la **eritrosa-4P** proveniente del <u>ciclo de las pentosas fosfato</u>. **MS** que se biosintetizan por esta ruta: es la principal fuente de compuestos **fenólicos** derivados en su mayoría del **ácido cinámico**, entre los que cabe destacar a los flavonoides, antocianos, taninos, cumarinas y lignanos.

Ruta 3: El **ácido mevalónico** se genera mediante la condensación no lineal de tres unidades de **acetil-CoA**. **MS** que se biosintetizan por esta ruta: terpenos y esteroides.

Ruta 4: Los **aminoácidos** son los precursores de las moléculas naturales nitrogenadas: péptidos, proteínas y alcaloides. **Ruta 4a**: Los aminoácidos alifáticos que más intervienen en la biosíntesis de alcaloides son: **ornitina** y **lisina**. Ambos se obtienen a partir del **acetil-CoA**. **Ruta 4b**: Entre los aminoácidos aromáticos, tirosina, fenilalanina y triptófano, generados a partir del **ácido shikímico,** dan lugar a numerosos alcaloides con anillos aromáticos.

2.- Biosíntesis de Poliacetatos

2.1.- Biosíntesis de ácidos grasos

* Dos moléculas de **acetil-CoA** mediante una condensación de Claisen generan **acetoacetil-CoA**. Sucesivas unidades de **acetil-CoA** dan lugar a una cadena β-policeto. La conversión de **acetil-CoA** en **malonil-CoA** aumenta la acidez de los hidrógenos α, siendo mejores nucleófilos para la condensación de Claisen. Reducciones sucesivas dan los ácidos grasos.

Biosíntesis de ácidos grasos

2.2.- Biosíntesis de ácidos grasos esenciales (AGE) y de prostaglandinas

* Tanto en plantas como en animales, los ácidos grasos esenciales (AGE) se biosintetizan dando lugar a moléculas de alto interés biológico con dobles enlaces de configuración *Z* (*cis*). Las insaturaciones se originan a través de reacciones mediadas por enzimas desaturasas de forma diferente en animales y plantas. Los AGE deben encontrarse en la dieta para poder biosintetizar el **ácido araquidónico**, precursor de prostaglandinas, leucotrienos y tromboxanos, moléculas de gran importancia en numerosos procesos biológicos del ser humano.

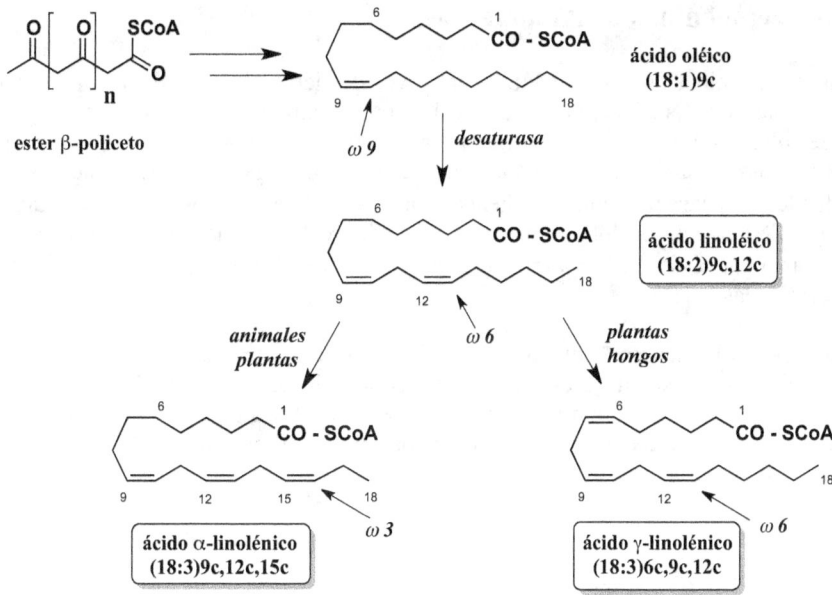

Biosíntesis de AGE

* Las prostaglandinas son ácidos grasos insaturados de 20 átomos de carbono con un anillo ciclopentano al que van unidas dos cadenas laterales. Son moléculas que se biosintetizan en el organismo como consecuencia de procesos inflamatorios al actuar enzimas como las ciclooxigenasas sobre AGE tales como el **ácido araquidónico**. La oxidación de un metileno contiguo al doble enlace (posición 13), da lugar a la formación de un cicloperóxido (entre las posiciones 9 y 11), y a un peróxido acíclico (en la posición 15).

* Pocos medicamentos contienen este tipo de **MSA**. Cabe destacar el **alprostadilo®** (**PGE₁**) vasodilator, utilizado como estimulante de erecciones, su análogo **misoprostol** (**cytotec®**) eficaz en la prevención de gastroenteropatías por AINE (antiinflamatorios no esteroídicos), y la **dinoprostona®** (**PGE₂**) oxitócico, utilizado en la inducción al parto.

Biosíntesis de prostaglandinas

2.3.- Acetogeninas de Annonaceae

* Las acetogeninas (ACG) son **MSA** exclusivos de ciertas especies de la familia Annonaceae, todas ellas de localización subtropical. Son abundantes en las semillas de especies comestibles, como Chirimoya (*Annona cherimolia*) y Guanábana (*Annona muricata*). Se biosintetizan a partir del **acetil-CoA**, dando lugar a largas cadenas de ácidos grasos, que mediante condensación aldólica generan una γ-lactona α,β-insaturada terminal. Una vez formada la lactona, los dobles enlaces se epoxidan y a continuación se abren, en medio ácido para dar lugar a las ACG más frecuentes, con uno o dos anillos tetrahidrofuránicos, α,α'-dihidroxiladas.

* Además de la lactona terminal, las ACG tienen de particular el poseer 35 ó 37 átomos de carbono, y diversas funciones oxigenadas. Desde el punto de vista biológico, son potentes citotóxicos, capaces de inhibir de forma selectiva el complejo I de la cadena respiratoria mitocondrial, por lo que podrían ser utilizados como antitumorales.

Biosíntesis de ACG

2.4.- Biosíntesis de poliacetatos cíclicos

* Una de las formas de generar anillos aromáticos en la naturaleza, es a partir de la vía de poliacetatos. La condensación cíclica de poliacetatos, mediada por una condensación aldólica (*vía 1*) o mediante reacción de Claisen (*vía 2*) genera los correspondientes anillos aromáticos sustituidos en posición *meta*.

Biosíntesis de poliacetatos cíclicos

Antraquinonas

* Las antraquinonas son un ejemplo de formación de **MSA** con anillos aromáticos condensados, generados por la vía de los poliacetatos cíclicos mediante condensación aldólica. Ocho unidades de **acetil-CoA** generan en algunas especies de los géneros *Cassia* y *Rhamnus* entre otras, **MSA** con esqueleto antracénico oxidado (antraquinonas), cuyos glicósidos (antracenósidos) poseen importantes propiedades laxantes [**véase Capítulo 7, apartado 1**].

Biosíntesis de antraquinonas

Ácido micofenólico

* El **ácido 5-metil-orselínico** es el precursor biogenético del **ácido micofenólico**, **MSA** de biosíntesis mixta, aislado por fermentación de *Penicillium brevicompactum*. La metilación del **ácido 5-metil-orselínico** se lleva a cabo antes de la formación del anillo aromático, con el agente metilante SAM (*S*-adenosilmetionina). A continuación, se oxida a alcohol el metilo en posición 6, en *orto* al grupo ácido carboxílico, lo que provoca lactonización y formación del correspondiente intermedio **ftalil**.

* La adición nucleofílica del **ftalil** al **farnesil-PP** (sesquiterpeno, cuya biosíntesis se verá en este mismo Capítulo), da lugar a un **MSA** cuya porción cíclica proviene del **acetil-CoA** y la cadena hidrocarbonada del **ácido mevalónico**. Una oxidación selectiva del doble enlace intermedio de la cadena isoprenílica, seguida de una *O*-metilación, proporciona el **ácido micofenólico** [véanse Apéndices 1 y 2, Ejercicio 14].

* Fue descubierto por Alsberg y Black en 1910 de un cultivo de *Penicillium stoloniferum*, y considerado por Florey como el primer antibiótico, aunque resultó ser demasiado tóxico. Actualmente se utiliza, al igual que la **ciclosporina**, como inmunosupresor para evitar el rechazo en trasplante de órganos [véase Capítulo 18, apdo 1].

Biosíntesis del ácido micofenólico

Cannabinoides

* El **ácido hexanóico**, es el punto de partida en la biosíntesis de cannabinoides, un grupo de **MSA** con biosíntesis mixta abundantes en el Cáñamo indiano: *Cannabis sativa*, Cannabaceae. El principio responsable de los efectos euforizantes de la marihuana, el **tetrahidrocannabinol (THC)**, posee una estructura similar a la de análogos presentes en la misma planta: **cannabinol (CNB)** y **cannabidiol (CBD)**. Actualmente los cannabinoides están siendo utilizados en terapéutica, gracias a sus efectos beneficiosos en esclerosis multiple, quimioterapia contra el cáncer y epilepsia, entre otras **[véase Capítulo 14]**.

* Todos contienen en su estructura una porción monoterpénica (cuya biosíntesis se verá más adelante), unida a un anillo aromático con una cadena alquílica de 5 átomos de carbono. El **olivetol ácido**, anillo aromático *meta* trisustituido proveniente de la condensación del **ácido hexanóico** y tres **malonil-CoA**, constituye la parte no terpénica de los cannabinoides.

* La *C*-alquilación en *orto* de OH fenólicos, se lleva a cabo por adición electrofílica a una unidad de **geranil-PP**, precursor de monoterpenos (C_{10}), dando lugar al **cannabigerol ácido** auténtico precursor de los cannabinoides. La ciclación se produce mediante una previa oxidación con inversión de la configuración del doble enlace, seguida de un ataque electrofílico sobre el carbocatión y pérdida de H. De esta forma se obtiene el primer cannabinoide: **CBD**. El ataque nucleofílico del OH, produce la segunda ciclación, con la formación del benzopirano correspondiente: **THC**. La oxidación secuencial del ciclohexeno da lugar al anillo aromático: **CBN**.

Biosíntesis de cannabinoides

Estatinas

* Las **estatinas** son potentes inhibidores de la síntesis de **colesterol**, aislados por primera vez de los hongos *Penicillium citrinum y P. brevicompactum,* **mevastatina**, y *Aspergilus terreus,* **lovastatina [véase Capítulo 9, apdo 1].**

* La biosíntesis de estos **MSA** se realiza a partir de una unidad de **acetil-CoA** y ocho de **malonil-CoA**, dando lugar a una estructura policétida, que después de una parcial reducción se cicla a través de una reacción de Diels-Alder.

Biosíntesis de estatinas

3.- Biosíntesis de shikimatos

* La biosíntesis del **ácido shikímico** se lleva a cabo por acoplamiento del **fosfoenolpiruvato (PEP)**, producto de la glicólisis, y la **D-eritrosa-4-fosfato**, producto del ciclo de las pentosas fosfato, dando lugar a un cetoácido fosfatado con 7 átomos de carbono. La reacción se produce mediante una condensación aldólica con eliminación del fosfórico. A continuación, una condensación aldólica intramolecular origina el **ácido 3-deshidro-quínico** intermedio. Deshidratación y reducción conducen a la formación del **ácido shikímico [véanse Apéndices 1 y 2, Ejercicio 10]**.

Biosíntesis del ácido shikímico

3.1.- Biosíntesis de aminoácidos aromáticos: fenilalanina y tirosina

* Los aminoácidos son los precursores biogenéticos de los alcaloides, **MSA** nitrogenados con carácter alcalino. Los aminoácidos **fenilalanina** y **tirosina**, biosintetizan alcaloides con esqueleto isoquinoleínico (IQ), entre otros **[véase Capítulo 4, apdo 2]**.

* El ataque nucleofílico del par de electrones de un OH del **ácido shikímico** al doble enlace protonado del **PEP** da lugar, después de la eliminación del ácido fosfórico, al **ácido corísmico**. La transformación en **ácido prefénico**, implica una transposición de la cadena **PEP** a través de una reacción de Claisen.

* El aminoácido **fenilalanina** se forma por descarboxilación del **ácido prefénico**, aromatización y pérdida del grupo saliente (hidroxilo). De esta forma se genera el **ácido fenilpirúvico** que mediante una transaminación da lugar a la **fenilalanina**. Por otra parte, por oxidación del **ácido prefénico** se genera un intermedio cetónico, dando lugar a continuación al ácido **4-OH-fenilpirúvico**, que mediante una transaminación da origen a la **tirosina**. Estas reacciones están catalizadas con PLP (piridoxal fosfato).

46

Biosíntesis de fenilalanina y tirosina

3.2.- Biosíntesis de aminoácidos aromáticos: ácido antranílico y triptófano

* Mediante aminación del **ácido corísmico** en posición 2, con amoniaco proporcionado por la **glutamina** que actúa como nucleófilo, se obtiene el **ácido antranílico**, que es el precursor del aminoácido **triptófano**, a su vez precursor de **alcaloides indólicos** y **quinoleínicos** [véase **Capítulo 4, apdo 3**].

Biosíntesis del ácido antranílico

* El anillo indol se genera a través de una secuencia compleja, donde se incorporan dos carbonos proporcionados por el **fosforibosil PP**. A través de una tautomería imina-enamina y otra cetoenólica con perdida de CO_2 y H_2O, se obtiene el **indol 3-glicerol P**. La cadena glicerol es eliminada mediante una condensación aldólica inversa, reemplazándose por una unidad de **serina**, dando lugar al aminoácido **triptófano**.

Biosíntesis de triptófano

3.3.- Biosíntesis del ácido cinámico

* La desaminación de los aminoácidos **fenilalanina** y **tirosina** dan lugar respectivamente, a los **ácidos cinámico** y **4-OH-cinámico** [**véase Capítulo 5, Ejercicio 8**], moléculas que proporcionan el motivo estructural C_6-C_3 a un gran número de **MSA**. En el caso de la **tirosina**, la eliminación del grupo amino para generar el correspondiente ácido **4-OH-*trans* (E) cinámico** [**véanse Apéndices 1 y 2, Ejercicio 12**], se lleva a cabo a través de la enzima tirosina amonio liasa (TAL).

Biosíntesis del ácido 4-OH-cinámico y del alcohol coniferílico (C6-C3)

3.4.- Biosíntesis de lignanos

* El **alcohol coniferílico** es el precursor de los lignanos, **MSA** que incorporan dos moléculas de **ácido 4-OH-cinámico** condensadas. La **podofilotoxina** es un lignano aislado en las raíces de diversas especies de *Podophyllum*, Berberidaceae, cuyos análogos semisintéticos se utilizan en la quimioterapia contra el cáncer [**véase Capítulo 17, apdo 2**]. La enzima peroxidasa, oxida al OH fenólico del **alcohol coniferílico**, generando formas resonantes de electrón libre, susceptibles de dar lugar a dímeros radicalares, que a través de ataques nucleofílicos del par de electrones del OH alcohólico dan lugar a los lignanos.

* Después de la enolización del dímero generado, la oxidación de uno de los alcoholes a ácido carboxílico da lugar a la γ-lactona correspondiente. A continuación se genera un anillo metiléndioxi (muy frecuente en **MSA**) mediante ciclación oxidativa de un intermedio *orto*-hidroxi-metoxi. Un ataque nucleofílico concertado genera el esqueleto de la **podofilotoxina**.

Biosíntesis de la podofilotoxina

3.5.- Biosíntesis de cumarinas

* En el sauce, *Salix* sp., Salicaceae, el **ácido 2-OH-cinámico** o **2-cumárico**, da lugar al **ácido salicílico** mediante ruptura de la cadena propenóico. Se trata de un **MSA** con propiedades antipiréticas y analgésicas, que inspiraron la síntesis de la **aspirina** (ácido acetíl-salicílico).

* Las cumarinas son δ-lactonas que se biosintetizan a partir del **ácido 2-cumárico**. El esqueleto cumarina se origina mediante isomerización *trans-cis* seguido de lactonización. Las cumarinas son abundante en Umbelliferae, Rutaceae y Fabaceae. Presentan propiedades farmacológicas similares a los flavonoides, venotónicos y antioxidantes [**véase Capítulo 6, apdo 1**], asi como anticoagulantes [**véase Capítulo 8, apdo 2**].

Biosíntesis de ácido salicílico y cumarinas

* En la **umbelliferona**, la posición *orto* del hidroxilo se encuentra activada y puede ser alquilada con un agente adecuado, como es **dimetilalil-PP (DMAPP)**, precursor de terpenoides cuya biosíntesis se verá más adelante. Una epoxidación sobre el doble enlace, seguida del ataque nucleofílico del OH, conducen a la formación de las furanocumarinas.

Biosíntesis de furanocumarinas

3.6.- Biosíntesis de flavonoides

* Los flavonoides, **MSA** abundantes en la naturaleza, se obtienen a través de una biosíntesis mixta, en la que participan el ácido **4-OH-cinámico** activado y tres unidades de **malonil-CoA**. La chalcona precursora de los flavonoides, se biosintetiza primero mediante una condensación tipo Claisen, entre el carbanión en posición 6 y el carbonilo en posición 1 de la cadena β-policeto, con reformación del carbonilo y pérdida del grupo saliente, en este caso el coenzima, generándose el enlace C1-C6. La enolización posterior da lugar al esqueleto **chalcona**. Mediante una reacción tipo Michael, el par de electrones del OH fenólico produce un ataque nucleofílico sobre el doble enlace de la porción cinámica, dando lugar al esqueleto de un flavonoide, 2-fenil-γ-benzopirona [véanse Apéndices 1 y 2, Ejercicio 15].

* Los estilbenos como el **resveratrol** (el más representativo), son mucho menos frecuentes. Se obtienen mediante una condensación aldólica en medio ácido, entre el carbanión en posición 2 y el carbonilo cinámico en 1', con la consiguiente deshidratación y eliminación del OH (aquí no hay reformación de carbonilo). A continuación se produce enolización e hidrólisis favorecida por la formación de anillo aromático. Tanto los flavonoides como los estilbenos, son polifenoles con importantes propiedades biológicas, entre las que destaca el poder antioxidante [véase Capítulo 6, apdo 1].

Biosíntesis de flavonoides y estilbenos

Glicosilación

* Numerosos **MSA** se encuentran en las **MP** en forma de derivados glicosilados, condensando una o varias moléculas de monosacárido mediante un puente éter, en la mayor parte de los casos, o por unión C-C, entre el carbohidrato y el **MSA** de partida [**véanse Capítulos 6 y 7**]. La parte azucarada de los **MSA** suele vehicular la molécula en el organismo.

Glicosilación de MSA

* El inductor de la glicosilación, es el **uridin difosfato (UDP)**, que se sintetiza a partir de la **glucosa 1-fosfato** (u otro monosacárido) y el **UTP**. La glicosilación se lleva a cabo a través de un ataque nucleofílico del par de electrones del OH del **MSA** correspondiente, sobre el carbono anomérico del monosacárido, preferentemente de configuración β que son los más frecuentes en la naturaleza, ya que los grupos introducidos en monosacáridos de configuración α son excelentes grupos salientes.

3.7.- Biosíntesis de taninos y antocianos

* Los taninos son polímeros del **catecol**, alcohol flavónico obtenido en ciertas plantas mediante oxidación / reducción de flavonoides. Los antocianos son los responsables del color cereza, violeta y rojo de ciertos frutos y hojas. Se obtienen también a partir de flavonoides mediante oxidación / reducción y aromatización del anillo piránico.

* Ambos grupos de polifenoles poseen propiedades biológicas similares a las de los flavonoides: antioxidantes y venotónicos [**véase Capítulo 6, apdo 1**].

Biosíntesis de catecol y cianidina

3.8.- Biosíntesis de tocoferoles

* Los tocoferoles son potentes antioxidantes, abundantes en los cereales y aceites vegetales. Se trata de la **Vitamina E** o vitamina de la fertilidad. Se administra por vía oral en estados carenciales, a niños prematuros con mala absorción de grasas y a enfermos de fibrosis quística y celiacos: **Auxina E®** (Chiesi), **Ephynal®** (Bayer), **Vendrop®** (Orphan).

* Se biosintetizan a partir del **p-OH-fenilpirúvico**, que mediante oxidación, transposición y descarboxilación, da lugar al **p-quinol**. El **p-quinol** se condensa con una cadena isoprénica, mediante una *C*-alquilación en *orto* del OH fenólico, seguido de descarboxilación. La formación del ciclo piránico se lleva a cabo mediante ataque nucleofílico del par de electrones del OH. De esta forma se obtiene el **γ-tocoferol**, y mediante *C*-metilación en *orto* del OH fenólico, el **α-tocoferol**.

Biosíntesis de tocoferoles

4.- Biosíntesis de isoprenoides

* El precursor biogenético de los terpenoides, terpenos y esteroides, es el **isopreno**, molécula de 5 átomos de carbono, generada por descarboxilación del **ácido mevalónico**.

Biosíntesis de isopreno activo

* Tres moléculas de **acetil-CoA** son utilizadas en la biosíntesis del **ácido mevalónico**. Dos se combinan mediante una condensación de Claisen, la tercera se incorpora al **acetoacetil-CoA** mediante una condensación aldólica estereoespecífica originando la cadena ramificada β-hidroxi-β-metilglutaril CoA (**HMG-CoA**). Reducciones sucesivas primero a aldehído y luego a alcohol, dan lugar al **ácido mevalónico** [véase Capítulo 5, Ejercicio 7].

* Los seis carbonos del **ácido mevalónico** se transforman en cinco con fosforilación del OH primario, dando lugar por descarboxilación al **isopentenil difosfato** (**IPP**) y mediante una isomerasa al **dimetilalil difosfato** (**DMAPP**), con equilibrio favorable.

4.1.- Biosíntesis de monoterpenos: geranil difosfato (C₁₀)

* La ionización del **DMAPP** a catión alílico, seguida de adición al doble enlace del **IPP** con pérdida de un H, genera el primer monoterpeno, **geranil difosfato**, cuyo doble enlace es *trans*.

Biosíntesis de monoterpenos

4.2.- Biosíntesis de iridoides: monoterpenos ciclopentano (C_{10})

* Los iridoides, son monoterpenos irregulares que contienen en su estructura un ciclopentano fusionado con un anillo piránico. Se forman por hidroxilación y posterior oxidación del **geraniol**, seguida de ciclación por ataque nucleofílico al doble enlace.

* Su interés en terapéutica es limitado. Los **valepotriatos** son epoxi-iridoides abundantes en las raíces de *Valeriana officinalis*, Valerianaceae, **MP** utilizada como sedante en problemas menores de insomnio y ansiedad. Las raíces de *Harpagophytum procumbens*, Pedaliaceae, contienen hasta un 3% de iridoides glicósidos responsables de su actividad antiinflamatoria y antiartrítica. En la hoja de Olivo, *Olea europaea*, Oleaceae, uno de los componentes mayoritarios es el **oleupeósido**, potente antioxidante con estructura iridoide glicósido [véanse Apéndices 1 y 2, Ejercicio 18].

* Desde un punto de vista biosintético, estos monoterpenos irregulares tienen gran importancia, ya que forman parte de la estructura de múltiples alcaloides principalmente dentro del grupo de los indolomonoterpenos. Se incorporan por condensación del grupo aldehído de los secoiridoides con las aminas primarias de aminoácidos aromáticos descarboxilados, tales como la **triptamina** [véase Capítulo 4, apdo 3].

Biosíntesis de iridoides

4.3.- Biosíntesis de sesquiterpenos (ST): farnesil difosfato (C₁₅)

* La adición de **IPP** al **geranil difosfato**, actuando de nuevo la prenil transferasa, genera el precursor de los sesquiterpenos, el **farnesil difosfato (FPP)**. El doble enlace del tercer resto de **IPP** puede adoptar una configuración *E* o *Z*, dando lugar a diversos cationes cíclicos por ataque electrofílico, todos ellos precursores de los ST naturales.

* El catión bisabolil da lugar al **α-bisabolol**, el catión amorfil que genera la **artemisinina** o el catión eudesmil que da lugar al **camazuleno**. **Camazuleno** y α-bisabolol inhiben la ciclooxigenasa, siendo los principales responsables de las propiedades digestivas, antiinflamatorias y espasmolíticas de la manzanilla.

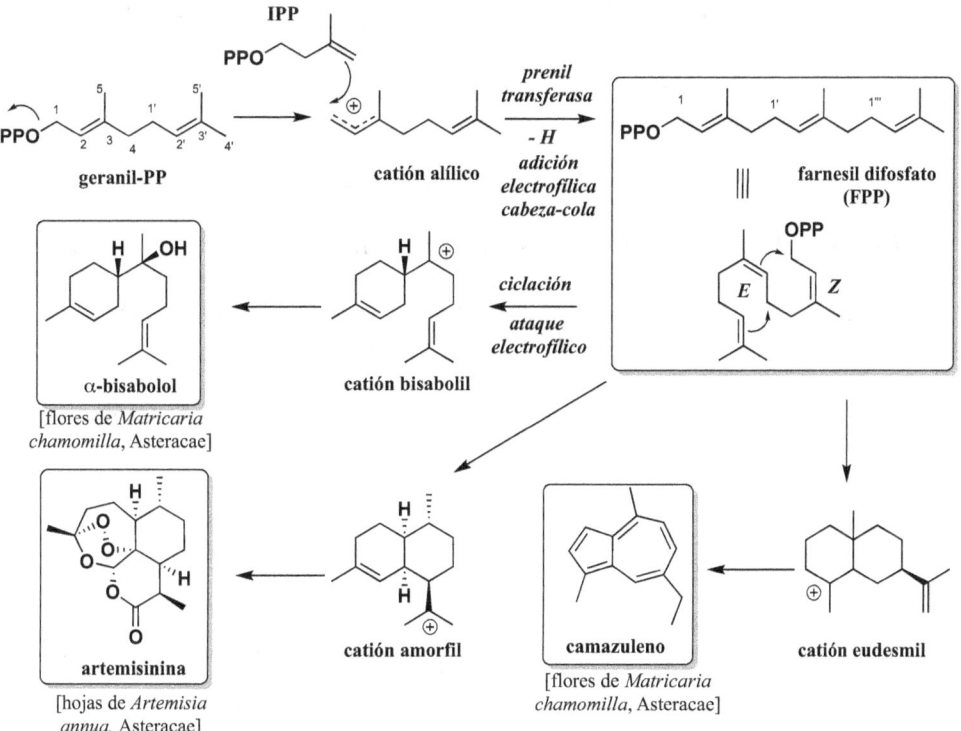

Biosíntesis de sesquiterpenos

Artemisinina

* El **4,11-amorfadieno** generado a partir del catión amorfil, es el punto de partida en la biosíntesis del antipalúdico **artemisinina [véase Capítulo 15, apdo 3]**. Una oxidación secuencial, conduce al **ácido artemisínico**. A continuación, una reducción del doble enlace, seguida de fotooxidación dan lugar a intermedios donde el oxígeno y la luz son factores indispensables. La ruptura del anillo del hidroperóxido del **ácido dihidroartemisínico**, conduce a la formación de un sistema trioxano en la **artemisinina**, genrado a través de la formación del hemiacetal seguido de ciclación y lactonización.

Biosíntesis de artemisinina

4.4.- Biosíntesis de Diterpenos (DT): geranil geranil difosfato (C$_{20}$)

* La adición de una unidad de **IPP** al **FPP** actuando de nuevo la prenil transferasa, da lugar al precursor de los DT: **geranil geranil difosfato (GGPP)**.

Biosíntesis de GGPP

* El **fitol**, es decir, la forma reducida del **GGPP**, constituye la cadena lipófila de la **clorofila**, de la **Vitamina K$_1$** (derivada de la 2-metilnaftoquinona), vitamina implicada en la coagulación sanguínea [**véase Capítulo 8, apdo 1**], así como de la **Vitamina E o α-tocoferol** [**véase presente Capítulo, apdo 3.8**].

* Otros DT [**véanse Apéndices 1 y 2, Ejercicios 16 y 17**], se biosintetizan por protonación de dobles enlaces, ciclación concertada y formación del tetraciclo *ent*-kaureno. Con dicho esqueleto se aíslan en la naturaleza, entre otras, las **giberelinas**, del hongo *Gibberella fujikuroi*, que juegan un papel fundamental en el crecimiento de las plantas, y el **esteviósido** glicósido de *Stevia rebaudiana*, Asteraceae, con un poder edulcorante 200 veces superior a la **sacarosa**.

Biosíntesis de kaurenos y Vitamina K₁

Taxol

* La ciclación del **GGPP** mediada por la formación de carbocatión y reordenamiento de Wagner-Meerwein se obtienen compuestos con esqueleto **taxadieno**, precursores de la **baccatin-III** y sobre todo del potente agente antitumoral **taxol o paclitaxel**, aislado por primera vez a partir de las cortezas del tronco del *Taxus baccata,* Taxaceae [**véase Capítulo 17, apdo 3**].

Biosíntesis de taxol

4.5.- Biosíntesis de Triterpenos (TT): escualeno

* El **escualeno** (C30), originalmente aislado de especies de tiburón del género *Squalus,* es un TT lineal que se biosintetiza mediante la condensación cola-cola de dos unidades de **FPP** (C15).

* La ciclación del **escualeno** se produce a través del **epoxi-escualeno**, obtenido por una reacción catalizada por una flavoproteína que requiere O_2 y NADPH como cofactores. La formación del esqueleto TT cíclico se lleva a cabo a través del carbocatión generado, seguido de una migración de metilos e hidrogenos concertada mediante una secuencia Wagner-Meerwein, *silla-bote-silla-bote.*

Biosíntesis del catión protostano precursor de TT

* A partir de catión protostano mediante dicha secuencia Wagner-Meerwein, en plantas, se produce la pérdida de un H y la formación de un ciclopropano entre las posiciones 9 y 10, dando lugar al TT **cicloartenol**. La misma pérdida de un H, en animales, da lugar a un doble enlace entre las posiciones 8 y 9, y a la formación del TT **lanostenol**. Ambos son precursores de uno de los esqueletos más abundantes en la naturaleza, los esteroides, como veremos más adelante.

Biosíntesis de cicloartenol y lanosterol

Glizirricina

* Los TT pentacíclicos son muy abundantes en la naturaleza. Aquí nos interesan porque forman parte de la estructura de los saponósidos, **MSA** glicosídicos, algunos de los cuales presentan propiedades venotónicos [**véase Capítulo 6, apdo 1**].

* El catión damarano, isómero del catión protostano, es el precursor de los TT pentacíclicos entre otros. De forma similar a lo que ya hemos visto, el catión damarano se genera a partir del **epoxi-escualeno**, pero mediante otro tipo de enzimas que proporcionan una secuencia Wagner-Meerwein *silla-silla-silla-bote*.

* En las raíces de *Glycyrrhiza glabra*, Fabaceae, se aisla el **ácido glicirrético** o **glicirricina**, saponósido con propiedades antiinflamatorias y expectorantes. El TT pentacíclico que forma su estructura es un derivado de la **β-amirina**, unido por puente éter a un disacárido compuesto por dos unidades de **ácido glucurónico**.

Acido glicirrético o glicirricina

4.6.- Biosíntesis de Esteroides

* Los esteroides son TT modificados, que contienen esqueleto tetracíclico (ciclopentano perhidrofenantreno), derivado del catión **protostano**, pero con pérdida de tres grupos metilos, los dos de la posición 4 y el de la posición 14.

* En animales, el TT **lanosterol** se convierte en **colesterol** (C27) perdiendo los tres grupos metilos. En plantas los **fitosteroles** se obtienen de forma similar a partir del TT **cycloartenol**. Uno de los más frecuentes es el 24-etil-colesterol o **sitosterol** (C29).

Colesterol

* La pérdida de los tres metilos se lleva a cabo mediante oxidación selectiva. El de la posición 14, se pierde de forma inusual como ácido fórmico, en una secuencia oxidativa catalizada por el citocromo P-450. La pérdida de los metilos en posición 4 se lleva a cabo por oxidación y posterior descarboxilación.

* El doble enlace Δ^{24} en la cadena alquílica del **lanosterol** se reduce mediante una NADPH reductasa, mientras que el doble enlace Δ^8 migra en el **colesterol** a Δ^5 mediante una secuencia de isomerización alílica.

* El **colesterol** juega un papel fundamental en el ser humano. Sus niveles en sangre, fuera de los límites permitidos pueden provocar graves accidentes vasculares [**véase Capítulo 9**].

Biosíntesis del colesterol
[pérdida del C14]

Digoxina

* Uno de las familias de **MSA** con núcleo esteroídico de mayor repercusión en terapéutica, utilizados en la insuficiencia cardiaca, son los glicósidos cardiotónicos. En dichas moléculas aparece una γ-lactona α,β-insaturada (en ocasiones una δ-lactona insaturada) en posición 17, en lugar de la cadena alquílica característica de los esteroides [**véase Capítulo 6, apdo 2**].

* La **digoxina**, el glicósido cardiotónico más utilizado en terapéutica, se biosintetiza a partir de **cicloartenol**, precursor de los esteroides de origen vegetal como ya hemos mencionado. La cadena alquílica en posición 17 del esteroide sufre una ruptura oxidativa, a nivel de las posiciones 20 y 22, previamente dihidroxiladas, obteniéndose de esta forma la metilcetona **pregnenolona**.

* Una tautomería ceto-enólica, seguida de reducción estereoselectiva del carbonilo generado en posición 3, y de una 14-hidroxilación con inversión de la esteroquímica, con posterior hidroxilación del carbono terminal de la cadena (posición 21), conduce a la obtención de la **pregnantriolona**. Una molécula de **malonil-CoA** reacciona con la hidroxi-cetona resultante, mediante condensación aldólica. La deshidratación del compuesto resultante, está favorecida por la formación de un sistema conjugado.

Biosíntesis de digoxina

* Por último, la lactonización se produce con la perdida del Coenzima, originándose una γ-lactona-α,β-insaturada, **digoxigenina** (cardenólido). Cuando lo que se condensa con la **pregnanotriolona** es el **oxalacetil-CoA**, siguiendo la misma secuencia, se obtiene es un glicósido cardiotónico con una δ-lactona (bufadienólido). Los cardenólidos son mucho más frecuentes en la naturaleza.

* La glicosilación de la **digoxigenina** se lleva a cabo en las hojas de *Digitalis*, Plantaginaceae, con desoxiazúcares, abundantes en dicha **MP** y fundamentales para la biodisponibilidad del producto final. La condensación de tres unidades de **digitoxosa** (2,6-desoxi-glucosa) dan lugar a la **digoxina [véase Capítulo 6, apdo 2]**.

Biosíntesis del bufadienólidos

5.- Tipos de MSA poliacetatos, shikimatos e isoprenoides

5.1.- Poliacetatos

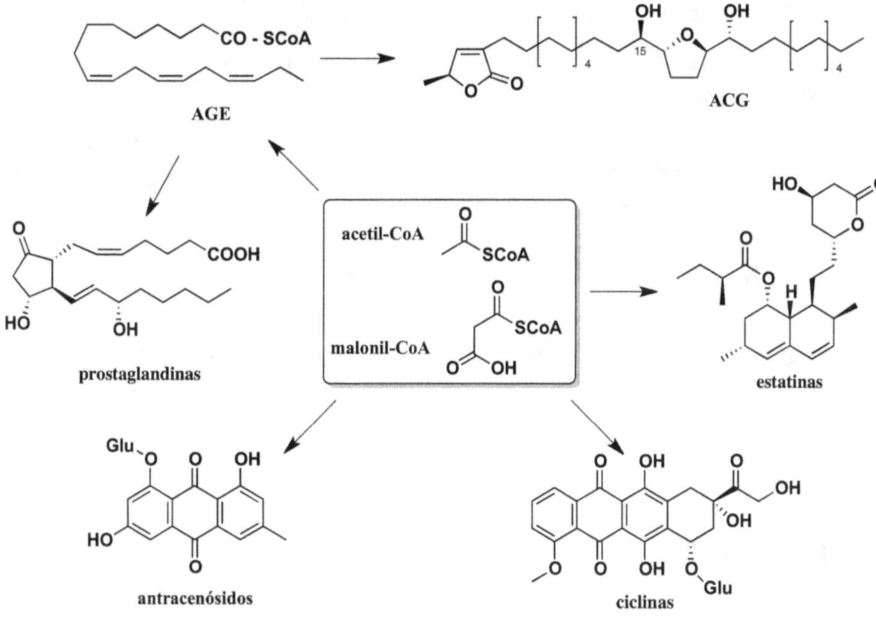

CO - SCoA
AGE
OH
OH
15
4
4
O
O
O
ACG
O
COOH
HO
OH
prostaglandinas
acetil-CoA
SCoA
malonil-CoA
SCoA
OH
HO
O
H
estatinas
Glu
O
OH
HO
antracenósidos
OH
Glu
ciclinas

5.2.- Metabolitos mixtos: acetil-CoA + ácido mevalónico

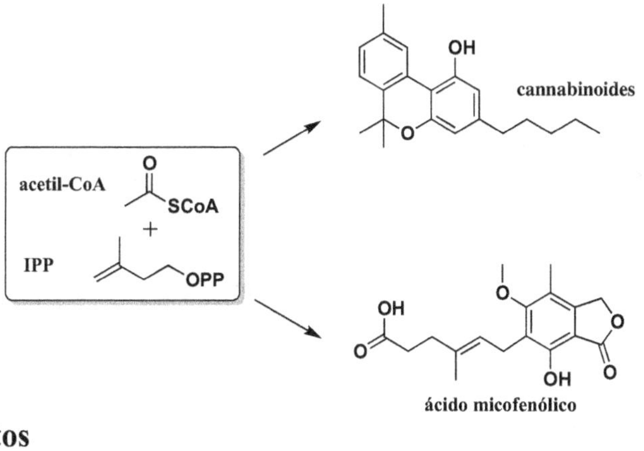

OH
cannabinoides
acetil-CoA
SCoA
+
IPP
OPP
OH
O
OH
ácido micofenólico

5.3.- Shikimatos

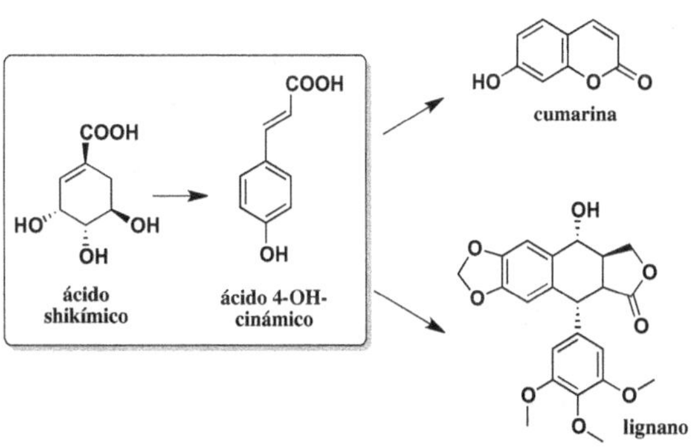

COOH
COOH
HO
OH
OH
OH
ácido shikímico
ácido 4-OH-cinámico
HO
O
O
cumarina
OH
O
lignano

5.4.- Metabolitos mixtos: ácido shikímico + acetil-CoA

flavonoide

tanino

antocianósido

acetil-CoA

ácido
shikímico

estilbeno

5.5.- Isoprenoides

iridoide
(loganósido)

sesquiterpeno
(artemisinina)

monoterpeno
(timol)

IPP

diterpeno
(taxano)

triterpeno
(saponósido)

esteroide
(glicósido cardiotónico)

Capítulo 4.-

Biosíntesis de MSA: derivados de aminoácidos

Capítulo 4.- *Biosíntesis de MSA: derivados de aminoácidos*

1.- Biosíntesis de aminoácidos alifáticos: ornitina y lisina

* La *L*-ornitina es un aminoácido no protéico, que forma parte del ciclo de la urea, producido por la *L*-arginina en animales, y por el ácido *L*-glutámico en plantas. La *L*-lisina se obtiene a partir del ácido *L*-aspártico. Ambos aminoácidos, *L*-ornitina y *L*-lisina, son los responsables de la biosíntesis de numerosos alcaloides con anillos pirrólicos y piperidínicos, respectivamente.

Biosíntesis de L-ornitina y L-lisina

1.1.- Biosíntesis del anillo tropano

* El anillo bicíclico tropano, presente en la estructura de los alcaloides **atropina** y **cocaína** entre otros, se biosintetiza a partir del aminoácido **ornitina** que primero se transforma en *N*-**metil-putrescina**, y a continuación, por acción de la diamina oxidasa, en el aldehído correspondiente. La base de Schiff intramolecular genera el anillo pirrolidina en forma de Δ^1-*N*-metil-pirrolinio, que en solución se encuentra en equilibrio con el aldehído. A continuación actúa el anión enolato del **acetil-CoA** provocando un ataque nucleofílico sobre el ión pirrolinio mediante una reacción tipo Mannich, dando lugar a moléculas con estereoquímica conocida: *R* o *S*.

* Para la formación del esqueleto tropano, se produce en primer lugar la adición de una segunda molécula de **acetil-CoA**, mediante una condensación de Claisen. La descarboxilación de estas formas generan el alcaloide **higrina**.

Biosíntesis de (-)- higrina y (+)-higrina

69

* La oxidación de la **acetoacetil pirrolicidina**, da lugar a otro anillo **Δ¹-N-metil-pirrolinio**, con la pérdida de un H en α del carbonilo. La reacción de Mannich intramolecular del enantiómero *R*, acompañada de una descarboxilación, genera el núcleo **tropinona**, y la reducción estereoespecífica del carbonilo, el **tropanol** con el hidroxilo en 3α. Esto ocurre en especies de la Familia Solanaceae.

* Sin embargo, en especies de la Familia Erythroxilaceae, el enantiómero *S* convierte el tioéter del coenzima A en éster metílico, y la posterior reducción estereoespecífica del carbonilo en posición 3 da lugar a la **metilecgonina**. Aquí, la reducción del carbonilo se hace por la cara opuesta a la de la **tropinona**, obteniéndose una configuración 3β.

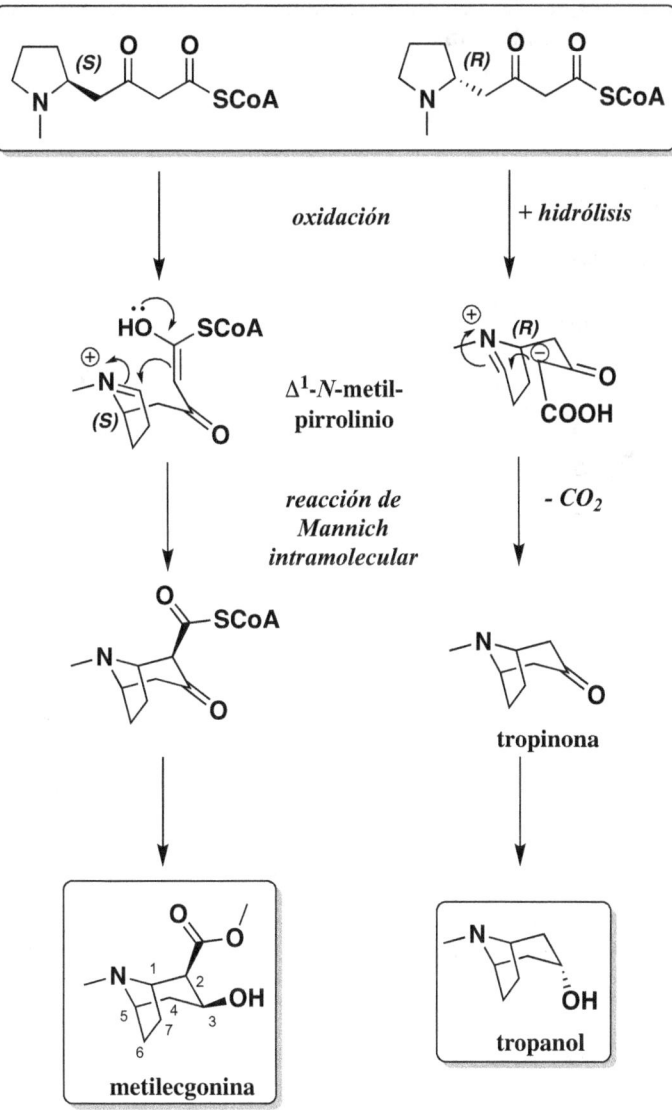

Biosíntesis de metilecgonina y tropanol

1.2.- Biosíntesis de hiosciamina, cocaína y escopolamina

* Los alcaloides de Solanaceae, **hiosciamina**, **atropina** (rácemico) y **escopolamina**, son parasimpaticolíticos (PSL) utilizados como relajantes musculares, mientras que **cocaína**, de especies de Erythroxylaceae, es un anestésico local sin utilidad terapéutica [**véase Capítulo 10, apados 2.1 y 2.2**].

* La **(-)-hiosciamina**, es el éster del **tropanol** y del **(S)-ácido trópico**, ácido biosintetizado a partir de la **fenilalanina**. La hidroxilación en posición 6 y posterior epoxidación da lugar a la **(-)-escopolamina**. Ambas reacciones son catalizadas por la dioxigenasa 2-oxoglutarato.

* La **(-)-cocaína**, es el éster de la **metilecgonina** y del **ácido benzóico**, ácido biosintetizado también a partir de la **fenilalanina**.

Biosíntesis de (-)-hiosciamina, (-)-cocaína y (-)-escopolamina

1.3.- Biosíntesis de nicotina

* A partir del *N*-metil-pirrolinio y la **dihidropiridina**, obtenida por descarboxilación del **ácido nicotínico**, se biosintetiza el alcaloide principal de las hojas de *Nicotiana tabacum*, Solanaceae, la **nicotina [véase Capítulo 10, apdo 2.6]**.

Biosíntesis de nicotina

* El **ácido nicotínico**, **niacina** o **Vitamina B₃**, se biosintetiza en el tabaco a partir del **3-fosfogliceraldehído** y el *L*-aspártico (en animales se genera a partir del **triptófano**). Es el precursor de los coenzimas NADH y NADPH.

Biosíntesis de ácido nicotínico

2.- Biosíntesis de aminoácidos aromáticos: fenilalanina y tirosina

* Los aminoácidos **fenilalanina** y **tirosina**, son precursores de numerosos **alcaloides isoquinoleínicos (IQ)** entre otros. Su biosíntesis ha sido tratada en el capítulo anterior como intermedios de la formación del **ácido cinámico** a partir del **ácido shikímico [véase Capítulo 3, apdo 3.1]**.

2.1.- Biosíntesis de dopamina

* Mediante sucesivas oxidaciones de los aminoácidos **fenilalanina** y **tirosina**, y descarboxilación de la **L-DOPA** mediada por la enzima PLP (piridoxal fosfato), se obtiene la **dopamina**. En mamíferos es precursor de los neurotransmisores **adrenalina** y **noradrenalina**, y en vegetales de los alcaloides IQ, de gran importancia en terapéutica, entre otros esqueletos, así como las feniletilaminas, tipo **mescalina**, **MSA** alucinógenos presente en el cactus *Lophophora williamsii*, Cactaceae **[véase Capítulo 13, apdo 5]**.

Biosíntesis de dopamina y derivados

2.2.- Biosíntesis de 1-bencil-tetrahidroisoquinoleínas

* La obtención del esqueleto 1-benciltetrahidroisoquinoleína (1-BTHIQ) se lleva a cabo en primer lugar mediante la formación de una base de Schiff, entre dos moléculas generadas por la **tirosina**, la amina primaria **dopamina** y el **4-OH-fenilacetaldehído**. A continuación, mediante una reacción tipo-Mannich, el ataque nucleofílico del par de electrones del sustituyente oxigenado en posición *para*, provoca la ciclación y por tanto la generación del anillo B de las 1-BTHIQ.

* La **norcoclaurina** es la primera 1-BTHIQ biosintetizada, a través de una reacción de tipo Pictec-Spengler, generando un centro quiral en posición 1. Sucesivas metilaciones e hidroxilaciones dan lugar a la formación de la **reticulina**, molécula de gran importancia biosintética.

Biosíntesis de la 1-BTHIQ reticulina

Tipos de IQ biosintetizadas a partir de 1-BTHIQ

2.3.- Acoplamiento oxidativo *orto-para*. Biosíntesis de aporfinas

* El acoplamiento oxidativo es factible como consecuencia de la oxidación de fenoles libres y la consiguiente generación de radicales libres en posiciones *orto* o *para* de dichos hidroxilos. La **reticulina,** como acabamos de ver, es el precursor biogenético de un gran número de **MSA** con esqueleto IQ. Presenta dos OH fenólicos libres, uno en la porción IQ (posición 7) y otro en la porción bencílica (posición 3'). El acoplamiento oxidativo intramolecular más favorable, a partir de la **reticulina**, se lleva a cabo entre las posiciones *orto* del OH-7 (posición 8) y *para* del OH-3' (posición 6'), para dar lugar a esqueletos aporfínicos.

Biosíntesis de aporfinas

* Las aporfinas son **MSA** muy abundantes en especies de Familias que componen el Orden de Magnoliales. Por su parecido estructural con la **dopamina**, muestran afinidad por los receptores dopaminérgicos. La **apomorfina,** es una aporfina semisintética preparada a partir de la **morfina**, utilizada en el Parkinson [**véase Capítulo 13, apdo 3**].

2.4.- Acoplamiento oxidativo *para-orto*. Biosíntesis de morfínicos

* El acoplamiento oxidativo *para-orto* de la **reticulina**, para dar lugar a esqueletos **morfínicos**, es mucho menos favorable que el anterior. Solo algunas pocas especies del genero *Papaver*, Papaveraceae, son capaces de biosintetizar este sorprendente grupo de **MSA**. La posición *para* del OH de la porción isoquinoleínica (posición 4a) además de encontrarse teóricamente muy alejada de la posición *orto* del OH bencílico (posición 2'), es un carbono cuaternario. No obstante, la oxidación de ambos hidroxilos y la posible disposición espacial del esqueleto, hacen factible el acercamiento de dichas posiciones y el acoplamiento oxidativo.

* El primer alcaloide morfínico que se biosintetiza es la **tebaína**. La **codeína** y la **morfina**, **MSA** muy utilizados en terapéutica como antitusígeno y analgésico, respectivamente, se generan a continuación a través de reacciones de demetilación y reducción estereoespecífia de las cetonas generadas [**véase Capítulo 12, apdo 3**].

75

Biosíntesis de tebaína

Biosíntesis de morfina y codeína

2.5.- Biosíntesis de protoberberinas, protopinas y ftalil-IQ

* Las protoberberinas (PB), son alcaloides IQ biosintetizados en la naturaleza a través de la oxidación de la amina terciaria de 1-BTHIQ tipo **reticulina**, originando el imonio correspondiente. A continuación mediante una reacción de Mannich, actuando la posición en *orto* del fenol como nucleofílico, se genera un nuevo anillo y el esqueleto tetracíclico PB.

* La oxidación de las PB se lleva a cabo según las fuentes naturales, dando lugar a otros esqueletos IQ con interés en terapéutica, como la **protopina** aislada en especies de Fumariaceae, con propiedades coleréticas [**véase Capítulo 7, apdo 3**], y la **noscapina**, alcaloide minoritario del opio, utilizado como antitusígeno [**véase Capítulo 12, apdo 3.2**].

Biosíntesis de protoberberinas, protopinas y ftalil-IQ

2.6.- Biosíntesis de bis-BTHIQ

* Las bis-benciltetrahidroisoquinoleínas (bis-BTHIQ) son un grupo de alcaloides dímeros abundantes en la naturaleza. El "cabeza de serie", **tubocurarina**, es un alcaloide bis-BTHIQ con un *N* amonio cuaternario, que muestra propiedades curarizantes, es decir, relajantes de la musculatura estriada **[véase Capítulo 10, apdo 2.5]**.

* La **tubocurarina** se biosintetiza mediante acoplamiento oxidativo intermolecular de dos unidades de ***N*-metilcoclaurina**. Los dos radicales formados por oxidación de un electrón de un fenol libre de cada anillo, producen los correspondientes puentes diariléter.

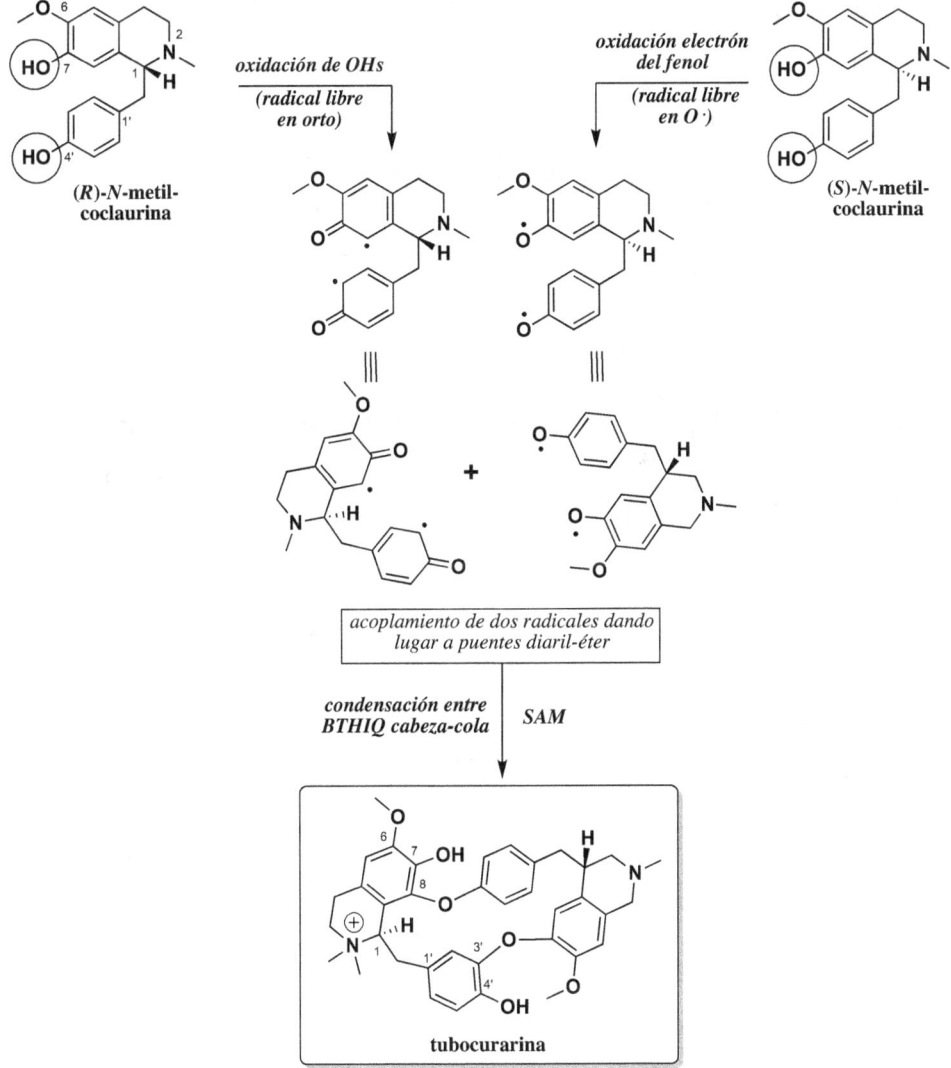

Biosíntesis de tubocurarina

2.7.- Biosíntesis de bis-isoquinoleínas monoterpénicas

* La **emetina**, es el principal representante de un grupo de alcaloides poco frecuente en la naturaleza, los bis-isoquinoleína monoterpénicos. La **emetina** se aísla de las raíces y rizomas de *Cephaelis ipecacuana*, Rubiaceae de origen brasileño, y posee propiedades amebicidas y vomitivas [**véase Capítulo 13, apdo 7**].

* Se trata de un metabolito mixto, cuya biosíntesis es similar a la de muchos alcaloides indólicos y quinoleínicos frecuentes en Rubiaceae y Apocynaceae, cuya biosíntesis veremos a continuación en este mismo Capítulo. La amina primaria aquí la proporciona la **dopamina**, y el aldehído el **secologanósido**, iridoide al que ya nos hemos referido previamente [**véase Capítulo 3, apdo 4.2**].

Biosíntesis de emetina

2.8.- Biosíntesis de derivados de tirosina y fenilalanina no IQ

Galanthamina

* La **galanthamina** es un alcaloide benzacepínico que se encuentra únicamente en algunas especies de Amaryllidaceae, y es utilizado en los estados iniciales de la enfermedad de Alzheimer por ser inhibidor de la acetilcolinesterasa (AChE) [**véase Capítulo 10, apdo 2.4**].

* La biosíntesis se lleva a cabo a través de un acoplamiento oxidativo *para-orto*, similar a la de los alcaloides morfínicos. En este caso es la **tiramina** (a partir de **tirosina**) y no la **dopamina**, la que se condensa con el aldehído aromático (formado a partir de **fenilalanina**).

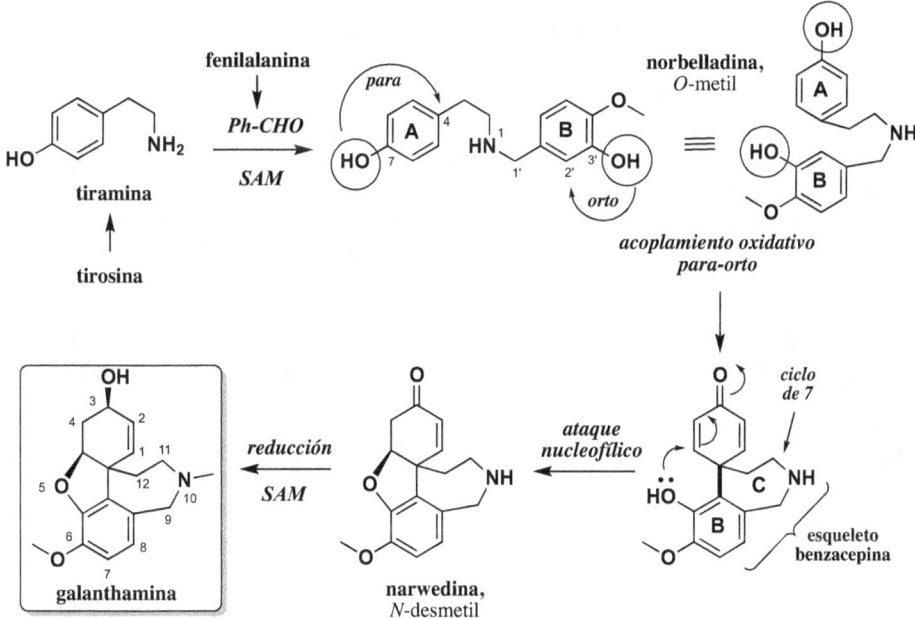

Biosíntesis de galanthamina

Efedrina y pseudoefedrina

* **Efedrina** y **pseudoefedrina**, son alcaloides feniletilamínicos, análogos estructurales de **fenilalanina.** Se aíslan en especies de *Ephedra*, Ephedraceae, y se comportan como simpaticomiméticos (SM) indirectos, lo que inspiró el diseño de la **anfetamina** [**véase Capítulo 11, apdo 2.1**].

* La desaminación de la **fenialanina** mediante la enzima fenilalanina amonio liasa (PAL) da lugar al **ácido benzóico** vía **ácido cinámico**, que se condensa con el **ácido pirúvico** para dar lugar a la **cathinona**, **MSA** responsable de la activida psicoestimulante del Té de Abisinia [**véase Capítulo 11, apdo 2.2**]. La **efedrina** y la **pseudoefedrina**, se obtienen mediante reducción y metilación de la **cathinona**.

Biosíntesis de efedrina y pseudoefedrina

Colchicina

* La **colchicina**, es un alcaloide amídico, biosintetizado a partir de **dopamina** y **4-OH-cinamaldehído**, a través de un acoplamiento oxidativo *para-para*, que recuerda la biosíntesis de la **morfina** y de la **galanthamina**. Está considerado como un **pseudoalcaloide**, ya que no posee N-amínico y por tanto basicidad. Es un derivado de la **tropolona**, cetona aromática en anillo de 7.

* La **colchicina** es un potente citotóxico, inhibidor de la tubulina. Debido a su pequeño margen terapéutico, sólo se utiliza como antiartrítico en la crisis de gota [**véase Capítulo 12, apdo 5**].

Biosíntesis de colchicina

3.- Biosíntesis de aminoácidos aromáticos: ácido antranílico y triptófano

* El **ácido antranílico** y el **triptófano**, son precursores de alcaloides indólicos y quinoleínicos. Su biosíntesis ha sido tratada en el capítulo anterior **[véase Capítulo 3, apdo 3.2]**.

3.1.- Biosíntesis de estrictosidina

* La **estrictosidina** es un intermedio clave en la biosíntesis de numerosos alcaloides indólicos y quinoleínicos, encontrados sobre todo en especies de las Familias Apocynaceae, Loganiaceae y Rubiaceae. Como en el caso de la biosíntesis de **emetina [véase apdo 2.7 del presente Capítulo]**, se condensa en primer lugar una amina primaria, en este caso la **triptamina**, originada por descarboxilación del aminoácido **triptófano**, y un aldehído terpénico, el **secologanósido [véase Capítulo 3, apdo 4.2]**.

* La formación de una base de Schiff se lleva acabo mediante el ataque nucleofílico del par de electrones del *N* sobre el carbonilo del aldehído, dando lugar a la imina correspondiente con pérdida de una molécula de agua. A continuación, el ataque nucleofílico del carbanión del indol a la imina, mediante una reacción tipo Mannich, genera el anillo piperidínico y el esqueleto β-carbolina.

Biosíntesis de estrictosidina

3.2.- Biosíntesis de indolomonoterpenos

Ajmalicina y yohimbina

* La **estrictosidina** es el punto de partida en la biosíntesis de los alcaloides indolomonoterpenos. La hidrólisis del monosacárido, seguida de la ruptura del anillo piránico, da lugar a un alcohol-aldehído, lo que provoca la formación de una segunda base de Schiff y la consiguiente ciclación, originando el tetraciclo **deshidrogeissosquizina** en su forma enólica. Una isomerización alílica seguida del ataque nucleofílico al ión iminio, genera el esqueleto pentacíclico heteroyohimbano de la **ajmalicina**.

Biosíntesis de ajmalicina, esqueleto heteroyohimbano

* La biosíntesis de indolomonoterpenos con esqueleto yohimbano, se lleva a cabo a partir de la **deshidrogeissosquizina** en su forma cetónica. Se parte de una isomerización homoalílica, seguida de un ataque nucleofílico al carbonilo a través de un sistema conjugado. Una reducción de los dobles enlaces conjugados permite obtener la **yohimbina**.

* **Ajmalicina** es un vasorregulador cerebral, mientras que **yohimbina** es un vasodilatador utilizado en la disfunción eréctil [**véase Capítulo 13, apdo 2.3**].

Biosíntesis de yohimbina, esqueleto yohimbano

Toxiferina

* La **preakuammicina** es un alcaloide tipo corianthe, que presenta una doble unión en el carbono β del *N* indólico (posición 3). Es precursor de **toxiferina**, alcaloide dímero amonio cuaternario, que como **tubocurarina [véase apdo 2.6 del presente Capítulo]**, muestra propiedades curarizantes **[véase Capítulo 10, apdo 2.5]**.

Biosíntesis de toxiferina

Vinblastina

* Sucesivas rupturas oxidativas de **preakuammicina** y **stemmadenina**, dan lugar por un lado a **catharanthina** y por otro a **vindolina**, via **tabersonina**. El ataque nucleofílico del par de electrones del *O*Me de **vindolina** al imonio conjugado de la **catharanthina** oxidada, provocan la formación, en las hojas de *Catharanthus roseus*, Apocynaceae, de uno de los más originales alcaloides dímeros bis-indólicos, la **vinblastina**, que muestra una potente actividad antitubulina [**véase Capítulo 17, apdo 3**].

* El bajo contenido en éstos alcaloides dímeros en *Catharanthus roseus* y la dificultad de su síntesis, ha llevado a estudiar la posibilidad de obtenerlos por ingeniería genética. Mediante cultivos celulares, se ha podido obtener **catharanthina** a partir de **estrictosidina** por acción de la enzima estrictosidina glucosidasa.

Biosíntesis de vinblastina

3.3.- Biosíntesis de quinoleínas

Quinina

* Los alcaloides quinoleínicos, se biosintetizan partiendo de los mismos precursores que acabamos de ver para los alcaloides indolomonoterpenos, es decir, **triptamina** y **secologanósido**. En la biosíntesis de **quinina** hay dos diferencias fundamentales, una la ruptura del anillo quinolicidínico, y otra la ruptura del anillo indólico, dando lugar al biciclo **quinuclidina** y a la **quinoleína**, respectivamente.

* La **quinina**, es un potente agente antipalúdico, uno de los **MSA** más abundantes en la naturaleza, aislado en la cortezas de *Cinchona succirubra*, Rubiaceae [**véase Capítulo 15, apdo 2**].

Biosíntesis de quinina

Camptothecina

* La **camptothecina** es un alcaloide quinoleínico antitumoral, aislado de las cortezas de *Camptotheca acuminata*, Nyssaceae [**véase Capítulo 17, apdo 2**]. La etapa clave en la biosíntesis de la **camptothecina**, es la hidrólisis del indol de la β-carbolina, para convertirse en pirroloquinoleína.

Biosíntesis de camptothecina

3.4.- Biosíntesis de pirroloindoles o indolo-uretanos

Fisostigmina o eserina

* La **fisostigmina** es uno de los pocos alcaloides pirroloindoles que se encuentran en la naturaleza, presentando además un original grupo uretano. Inspirados en su estructura se sintetizó, entre otros, la **rivastigmina**, uno de los fármacos utilizados en la enfermedad de Alzheimer [**véase Capítulo 10, apdo 2.4**].

* La biosíntesis de **fisostigmina** comienza con la *C*-metilación del **triptófano** en el carbono 3, debido a su carácter nucleofílico, con la formación de un iminio, que es a continuación atacado por el par de electrones de la amina primaria, proporcionando la condensación pirrol-indol. Las sucesivas *N*-metilaciones y la incorporación del grupo uretano, dan lugar al alcaloide **fisostigmina**.

Biosíntesis de fisostigmina

3.5.- Biosíntesis de ergolinas

Ácido lisérgico

* Las amidas del **ácido lisérgico** constituyen un original grupo de alcaloides denominado ergolinas. Estos **MSA,** se aíslan en el Cornezuelo del centeno, que es la forma de resistencia del hongo *Claviceps purpurea*. Presentan importantes propiedades farmacológicas, todas ellas relacionadas con la afinidad sobre diversos neurotransmisores, como **serotonina**, **dopamina** y **noradrenalina [véase Capítulo 13, apdo 1]**.

* Los productos de partida en la biosíntesis del **ácido lisérgico**, son el aminoácido **triptófano** y una unidad de **isopreno (IP)**. Mediante *C*-alquilación en posición 4 del **triptófano**, posición nucleofílica debido al par de electrones del *N* indólico, se genera el **4-dimetilalil-triptófano**. La *N*-metilación, seguida de oxidación y 1,4-eliminación de agua, conduce a la formación de un dieno, y a un grupo epoxi terminal.

* La apertura del grupo epoxi en medio ácido, favorece la ciclación y descarboxilación. El alcohol resultante se oxida a aldehído, y éste forma una base de Schiff intramolecular con la amina secundaria después de una isomerización *cis-trans* que permite aproximar ambos grupos. La oxidación sucesiva a alcohol y ácido carboxílico, proporcionan la molécula de **ácido paspálico**. La isomerización alílica, da lugar al **ácido lisérgico** con un sistema conjugado más estable.

Biosíntesis del ácido lisérgico

Ergotamina

* Las ergopeptinas son los alcaloides mayoritarios del Cornezuelo del centeno, y también los de mayor repercusión terapéutica. Uno de los principales representantes, **ergotamina**, se forma por adición secuencial de tres aminoácidos al **lisergil-CoA**, dando lugar a un tripéptido condensado al **ácido lisérgico**.

* La formación de complejo-multienzima, se lleva a cabo en primer lugar por activación de los aminoácidos, en este caso, **alanina**, **fenialanina** y **prolina**. Una vez biosintetizado el tripéptido, se condensa con el **lisergil-CoA**. A continuación se produce una hidroxilación sobre el resto **alanina**, con lo que se genera por ciclación el anillo oxazolidina y como consecuencia la **ergotamina [véase Capítulo 13, apdo 1]**.

Biosíntesis de ergotamina

4.- Biosíntesis de bases púricas. Cafeína

* La **cafeína**, es un estimulante del SNC **[Capítulo 13, apdo 4]**, que se biosintetiza a partir de las bases púricas **adenosina** y **guanosina**, seguido de metilación de un *N* con SAM, perdida del fosfato e hidrólisis del azúcar.

Biosíntesis de cafeína

5.- Tipos de MSA derivados de aminoácidos

5.1.- Derivados de ornitina y lisina [véase también Capítulo 10, apdos 2.6 y 2.7]

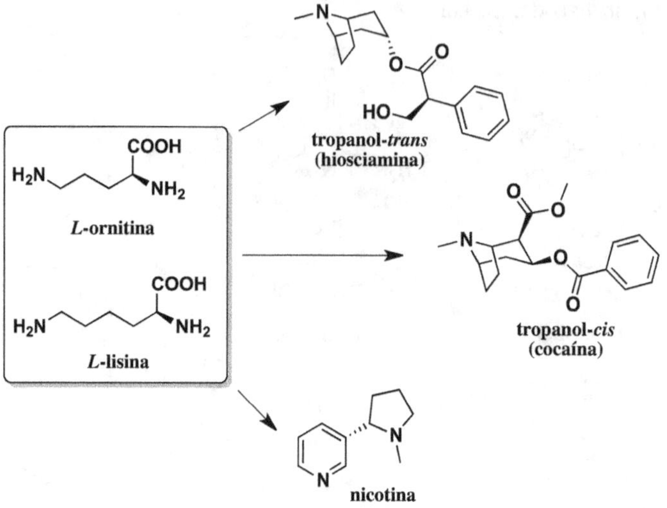

tropanol-*trans*
(hiosciamina)

COOH

H₂N — NH₂

L-ornitina

COOH

H₂N — NH₂

L-lisina

tropanol-*cis*
(cocaína)

nicotina

5.2.- Derivados de fenilalanina y tirosina

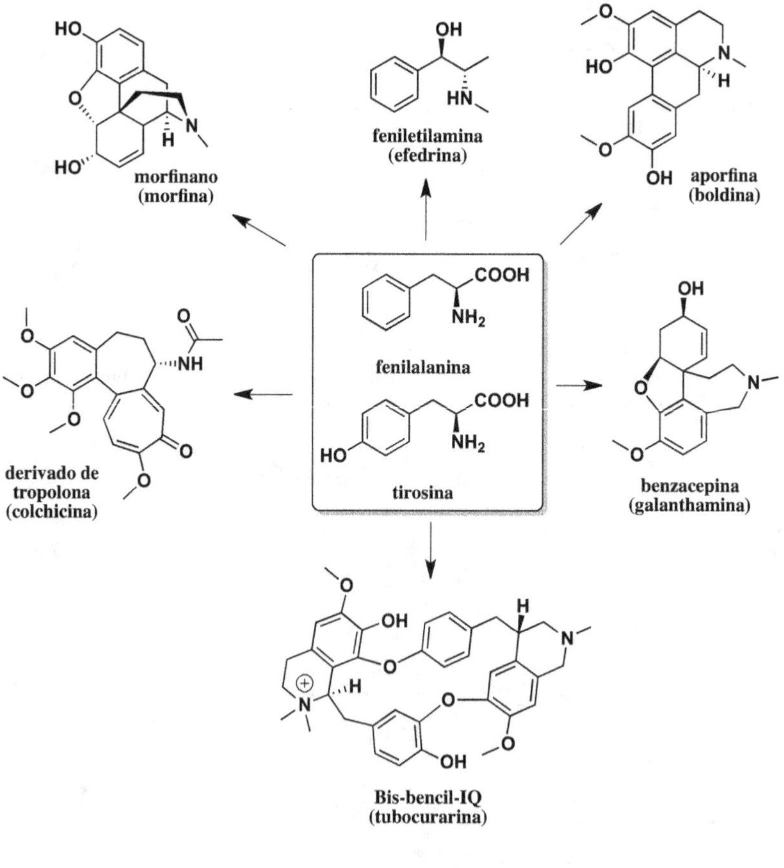

morfinano
(morfina)

feniletilamina
(efedrina)

aporfina
(boldina)

COOH

NH₂

fenilalanina

COOH

HO — NH₂

tirosina

derivado de
tropolona
(colchicina)

benzacepina
(galanthamina)

Bis-bencil-IQ
(tubocurarina)

5.3.- Derivados del triptófano

indolomonoterpeno
(yohimbina)

pirroloindol
(fisostigmina)

quinoleína-quinuclidina
(quinina)

pirroloquinoleína
(camptothecina)

triptofano

ergolina
(ergotamina)

bis-indol
(vinblastina)

Capítulo 5.-

Determinación Estructural de MSA mediante RMN

Capítulo 5.- *Determinación Estructural de MSA mediante RMN*

1- Resonancia Magnética Nuclear
2- Ejercicios de RMN de MSA

1.- Resonancia Magnética Nuclear (RMN)

* Los isótopos con momento de spin, es decir, con número impar de masa atómica (protones y neutrones) son los que pueden observarse en RMN. Los núcleos más frecuentes: ^1H, ^{13}C, ^{15}N, ^{19}F, ^{31}P.

* En RMN, la molécula se sitúa en un campo magnético donde los spines se orientan libremente siguiendo un movimiento de precesión (peonza). Para excitar un spin libre de un estado fundamental a un esto excitado, se induce una energía de radiofrecuencia o pulso de irradiación, que depende de la potencia del campo magnético. La vuelta del estado excitado al fundamental, es lo que se denomina relajación del spin, y lo que da lugar al espectro RMN de la molécula.

RMN de ^1H

* ^1H-RMN: el isótopo ^1H (protio) es muy abundante en el átomo de hidrógeno (99.9 %).
* Información que proporciona:

a) **Desplazamiento químico** (δ o **ppm**): depende de la energía de radiofrecuencia que necesita cada H para resonar. Los H en C sp2 resuenan a <u>campo bajo</u> o campo débil (hacia δ 10), mientras que los H en C sp3 resuenan a <u>campo alto</u> o campo fuerte (hacia δ 0).

b) **Acoplamientos spin-spin**: los H en RMN se comportan como un pequeño campo magnético local, afectando a los H vecinos, en especial a los que se encuentran en el C contiguo, dando lugar a señales múltiples.

c) **Constante de acoplamiento** (***J***): equivale a la distancia entre ramas de una señal múltiple. En función del valor de dicha constante, se puede deducir la disposición del H. Dependen del ángulo de enlace. La **Curva de Karplus** relaciona valores de ***J*** con ángulos de enlace (180° y 0° = valores máximos de ***J***; 90° = valores mínimos de ***J***).

d) **Integración**: área de la señal. Permite deducir el número de H que la alberga.

Valores frecuentes de (δ) y (J) en RMN de ^1H

Tipos de H	δ	J (Hz)

* H en C sp3

    * Alcanos: (-CH-, -CH₂-, -CH₃):   0.9-1.4   6-7 vecinal (^3J)
       - CH₂ vecinos a un centro quiral   1-12 geminal (^2J)
       - cicloalcanos (a: axial; e: ecuat.)   2-6 ae / ee (^3J)
       - cicloalcanos   8-14 aa (^3J)
    * Metilo olefínico: (-CH=CH-CH₃):   1.7
    * Metil cetona: (-CO-CH₃):   2.1
    * Metilo aromático: (Ph-CH₃):   2.3
    * Alcano nitrogenado: (-CH₂-NH₂):   2.5
    * Alcano halogenado: (-CH₂-Cl):   3.5
    * Alcano oxigenado: (-CH₂-OH):   3.5-4.0
    * Aldehído (-CHO)   9.0-10.0

$J_{vecinal}$ = 6-7 Hz $J_{geminal}$ = 1-12 Hz J_{aa} = 8-14 Hz J_{ae} = 2-6 Hz

* H intercambiables (señales que desaparecen con D₂O)

    * Amina: (-NH₂):   1.5-6.0
    * Amida: (-CONH₂):   5.0-9.0
    * Alcohol: (-OH):   1.0-5.0
    * Fenol: (-OH):   5.0-10.0
    * Ácido carboxílico: (-COOH):   8.0-12.0

* H en C sp2

    * Olefinas: (-CH=CH-, cis):   5.3-6.5   10-12 cis (^3J)
    * Olefinas: (-CH=CH-, trans):   5.3-6.5   12-16 trans (^3J)
    * Aromáticos: (Ar-CH, orto):   6.5-7.5   7.5-8.0 orto (^3J)
    * Aromáticos: (Ar-CH, meta):   6.5-7.5   1.5-2.0 meta (^4J)
    * Aromáticos: (Ar-CH, para):   6.5-7.5   < 1 para (^5J)

J_{cis} = 10-12 Hz J_{trans} = 12-16 Hz $^3J_{orto}$ = 8 Hz $^4J_{meta}$ = 2 Hz $^5J_{para}$ = <1 Hz

Valores frecuentes de (δ) en RMN de ^{13}C

Tipos de C	δ
C sp3	10-90
C-NHR	40-50
C-OR	50-80
C sp2	110-150
C=N	130-160
C=O	170-210

2.- Ejercicios de RMN de MSA

Ejercicio 5: RMN de n-propanol

* Los espectros de RMN de ^1H nos informan sobre:

a) el desplazamiento químico (δ o **ppm**) de cada señal;

b) la multiplicidad de las señales, a través de los acoplamientos spin-spin;

c) la integración o número de H que alberga cada señal.

a) desplazamiento químico: δ

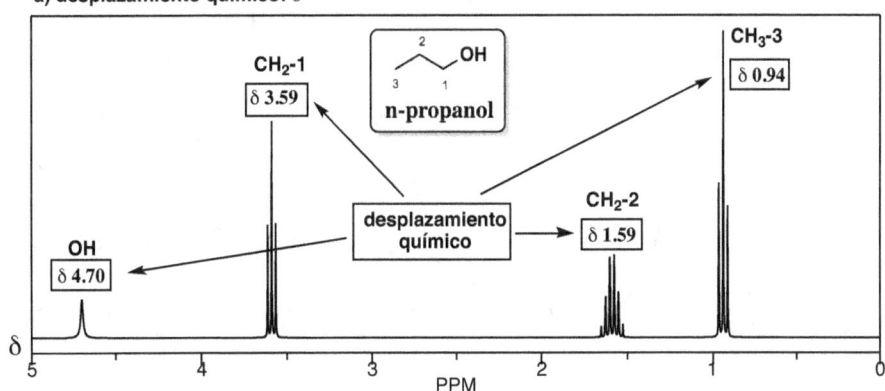

b) multiplicidad, regla del n + 1

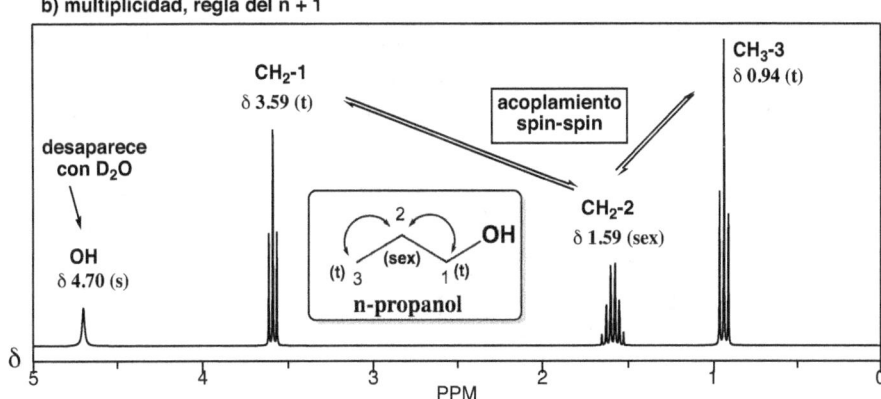

c) integración

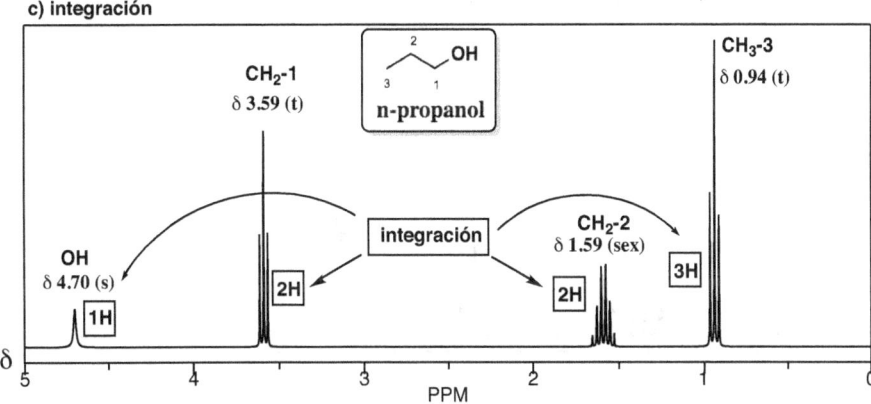

98

Ejercicio 6: RMN de un análogo de penicilina

* Espectros de **RMN de ^{1}H** de un análogo de la **penicilina [véase Capítulo 16]**:

a) Medida de los desplazamientos químicos (δ) de cada señal.
b) Multiplicidad: medida de las ctes. de acoplamiento (J).
c) Integración de cada señal.

a) desplazamiento químico: δ

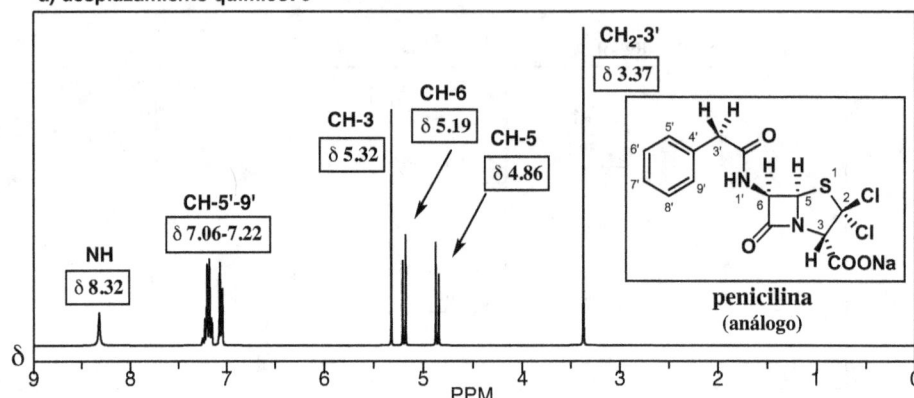

b) multiplicidad, acoplamiento spin-espin, cte. de acoplamiento (J)

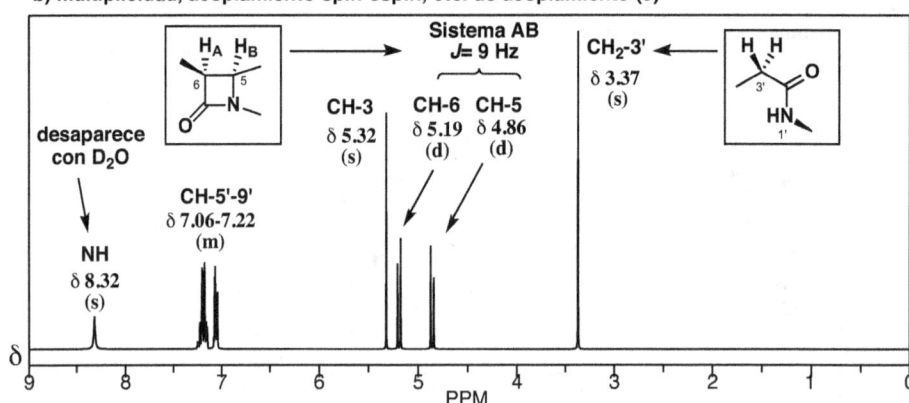

c) integración

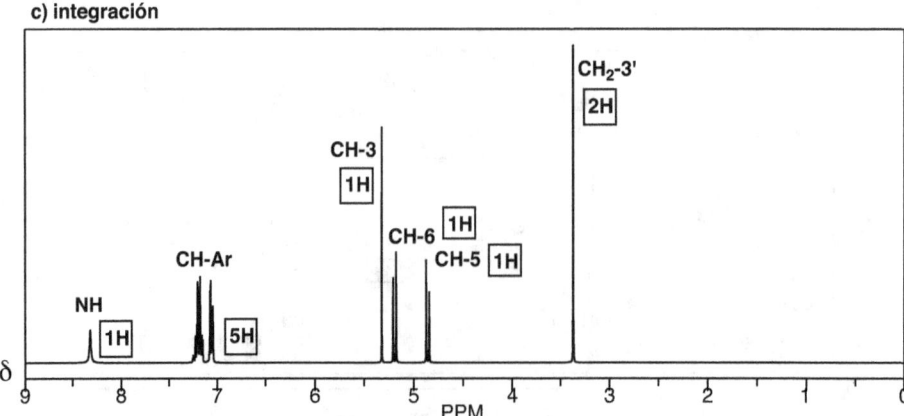

Ejercicio 7: RMN de análogos del ácido mevalónico –
Precursor biogenético I

* El **ácido meváldico (1)** es el aldehído a partir del cual se genera **ácido mevalónico (2)**. La descarboxilación y deshidratación del **ácido mevalónico (2)**, da lugar al **isopreno (3)**, que es el precursor de terpenos y esteroides [**véase Capítuo 3, apdo 4**].

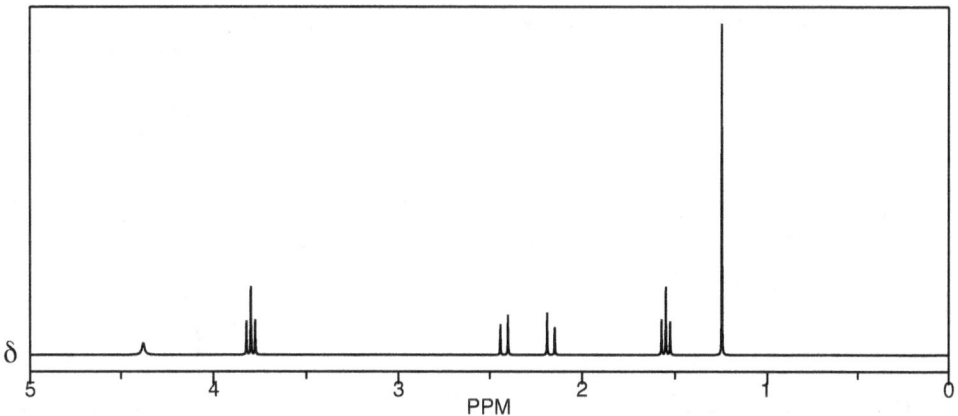

ácido meváldico (sal sódica) **(1)**   ácido mevalónico (sal sódica) **(2)**   isopreno activo (isopentenil PP) **(3)**

*¿A cuál de estas tres moléculas (**1, 2** o **3**) pertenece el espectro de ^{1}H-RMN?

     a) Mide los desplazamientos químicos de cada señal: δ.
     b) Mide las constantes de acoplamiento: J (RMN de 300 MHz).
     c) ¿Qué sistemas spin-spin observas en el espectro?
     d) Integración: ¿cuántos H hay en cada señal?

*Información suplementaria: espectro de ^{13}C-RMN.

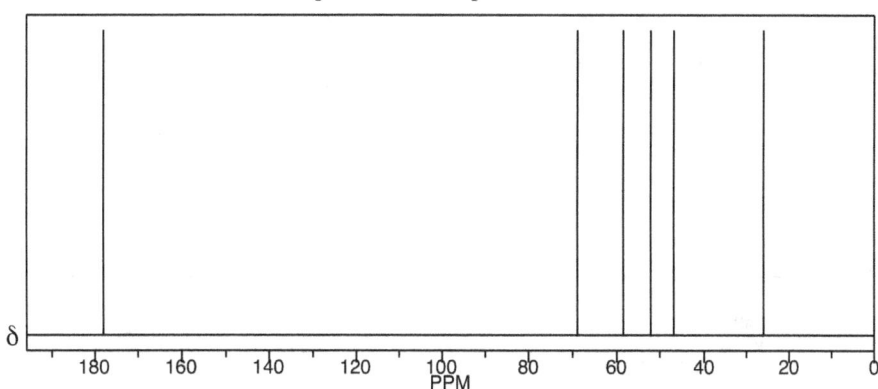

Solución al Ejercicio 7: ácido mevalónico (2)

a) medida de los desplazamientos químicos (δ)

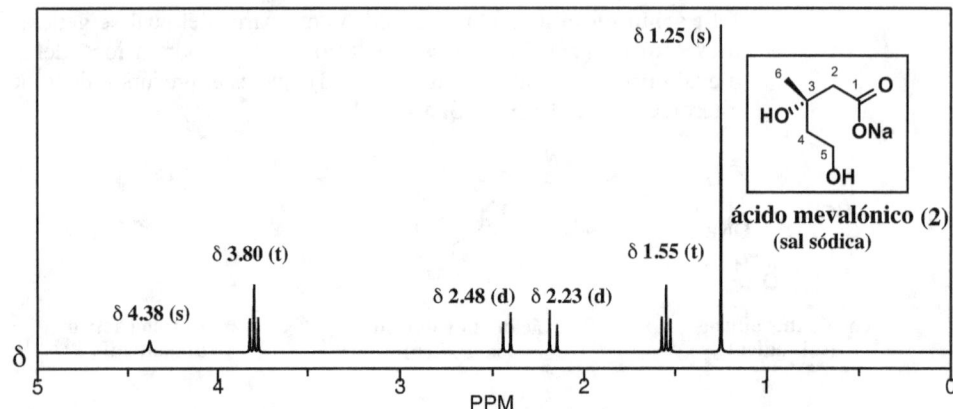

b) medida de la constante de acoplamiento (J) VECINAL, δ 3.80 (t), δ 1.55 (t): sistema A_2B_2

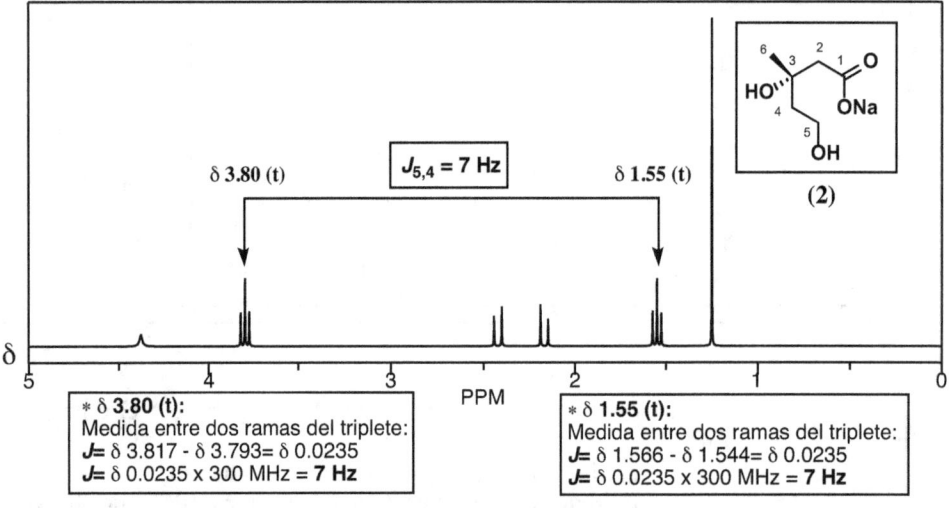

* δ **3.80 (t):**
Medida entre dos ramas del triplete:
$J=$ δ 3.817 - δ 3.793= δ 0.0235
$J=$ δ 0.0235 x 300 MHz = **7 Hz**

* δ **1.55 (t):**
Medida entre dos ramas del triplete:
$J=$ δ 1.566 - δ 1.544= δ 0.0235
$J=$ δ 0.0235 x 300 MHz = **7 Hz**

c) medida de la constante de acoplamiento (J) GEMINAL: δ 2.48 (d), δ 2.23 (d): sistema AB

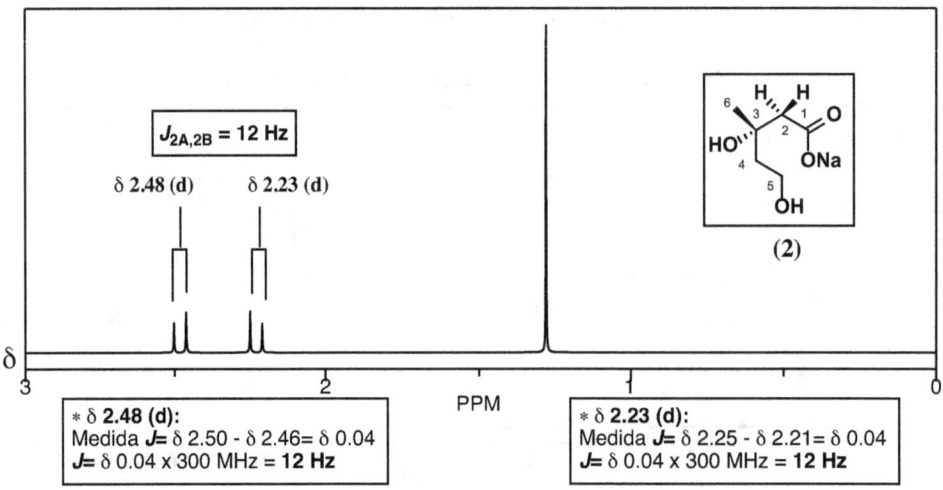

* δ **2.48 (d):**
Medida $J=$ δ 2.50 - δ 2.46= δ 0.04
$J=$ δ 0.04 x 300 MHz = **12 Hz**

* δ **2.23 (d):**
Medida $J=$ δ 2.25 - δ 2.21= δ 0.04
$J=$ δ 0.04 x 300 MHz = **12 Hz**

d) acoplamiento spin-spin VECINAL (CH$_2$-4 y CH$_2$-5)
   H equivalentes: homotópicos - regla del n+1

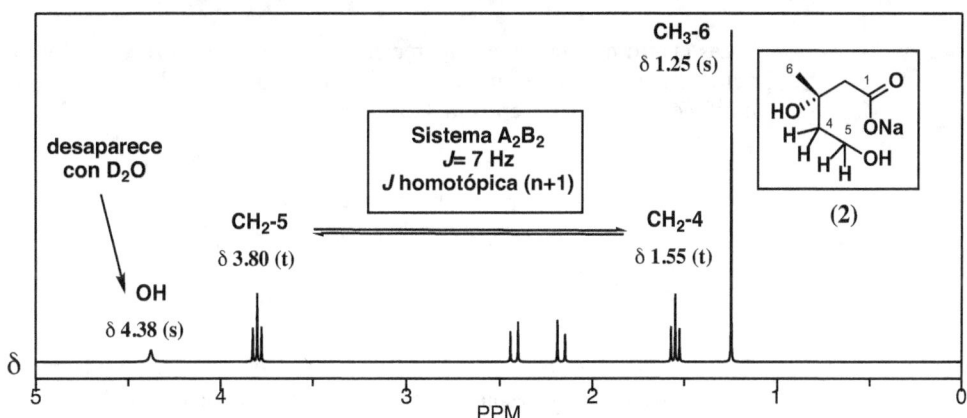

CH$_3$-6
δ 1.25 (s)

Sistema A$_2$B$_2$
J= 7 Hz
J homotópica (n+1)

desaparece
con D$_2$O

CH$_2$-5
δ 3.80 (t)

CH$_2$-4
δ 1.55 (t)

OH
δ 4.38 (s)

δ

5   4   3   2   1   0
PPM

(2)

e) acoplamiento spin-spin GEMINAL (CH$_2$-2)
   H no equivalentes: heterotópicos

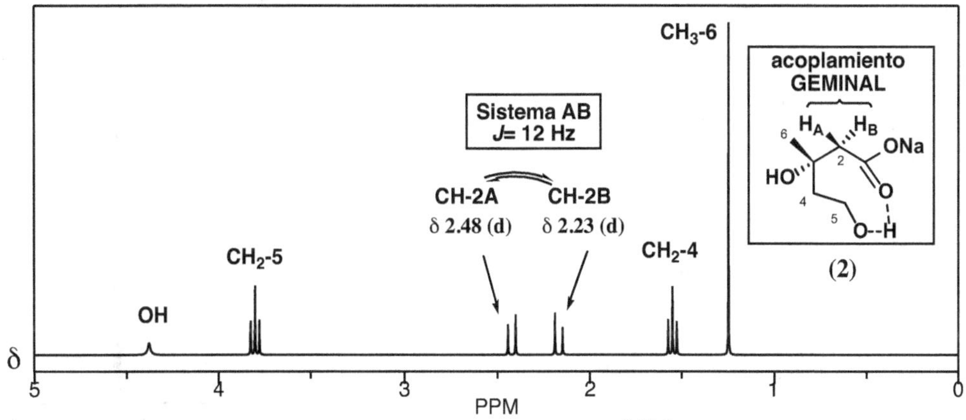

CH$_3$-6

acoplamiento
GEMINAL

Sistema AB
J= 12 Hz

CH-2A
δ 2.48 (d)

CH-2B
δ 2.23 (d)

CH$_2$-4

CH$_2$-5

OH

δ

5   4   3   2   1   0
PPM

(2)

f) asignación de señales de ^{13}C-RMN

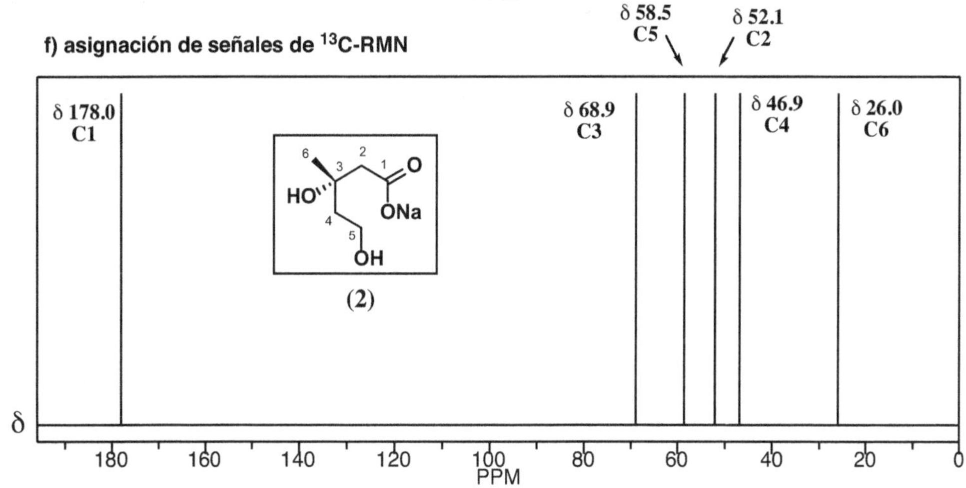

δ 58.5
C5

δ 52.1
C2

δ 178.0
C1

δ 68.9
C3

δ 46.9
C4

δ 26.0
C6

(2)

δ

180   160   140   120   100   80   60   40   20   0
PPM

Ejercicio 8: RMN de análogos del ácido cinámico –
Precursor biogenético II

* Las cuatro moléculas que aparecen a continuación (1-4) son análogos del
ácido cinámico, que es un intermedio en la biosíntesis de numerosos **MSA**
polifenólicos [**véase Capítulo 3, apdo 3.1**].

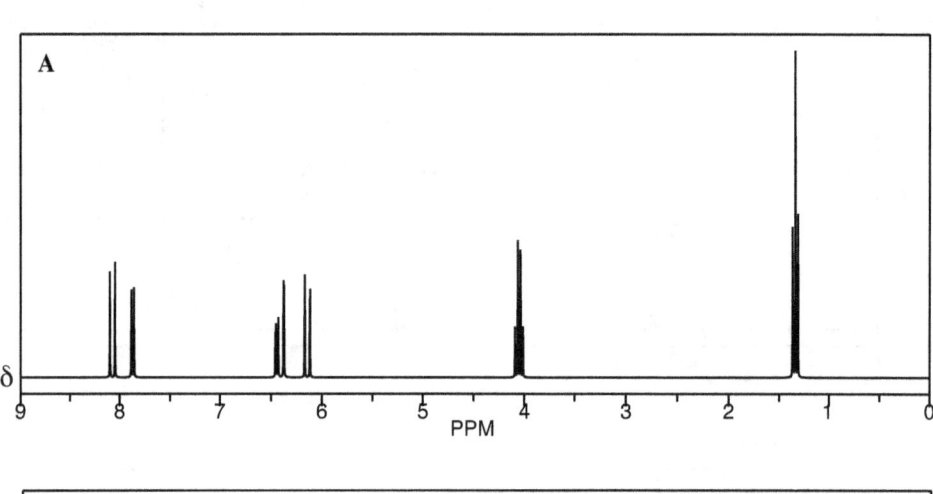

* ¿A cuál de estas moléculas (1-4) pertenecen los ¹H-RMN **A** y **B**?
    a) Mide los desplazamientos químicos de cada señal: **δ**.
    b) Mide las constantes de acoplamiento: **J** (RMN de 300 MHz).
    c) ¿Qué sistemas spin-spin observas en el espectro?
    d) Integración: ¿cuántos H hay en cada señal?

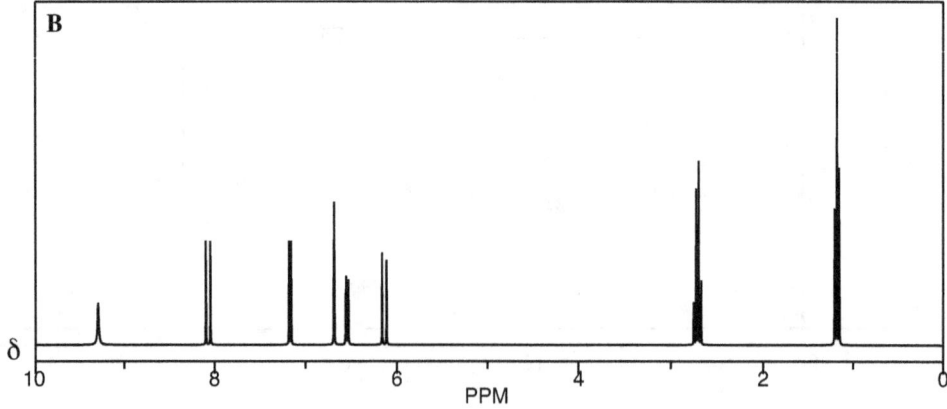

Solución al Ejercicio 8: ácido cinámico. Espectro A = análogo (4)

a) acoplamientos spin-spin DOBLE ENLACE "*trans*": H₃-H₂

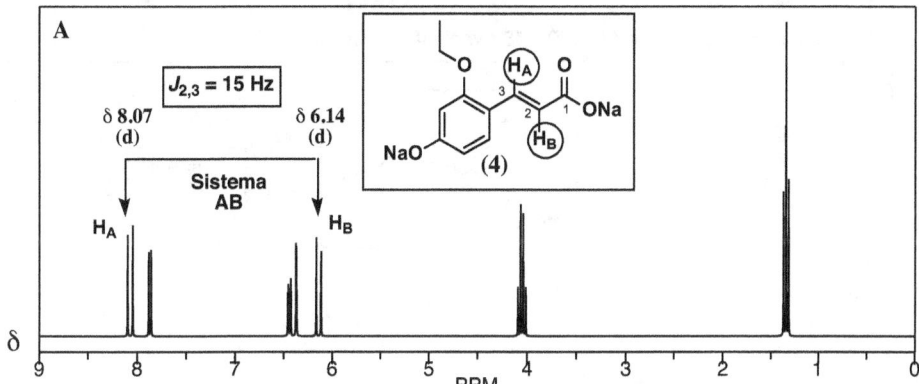

b) acoplamientos spin-spin AROMÁTICO "*orto*" y "*meta*": H₃·-H₅·-H₆·

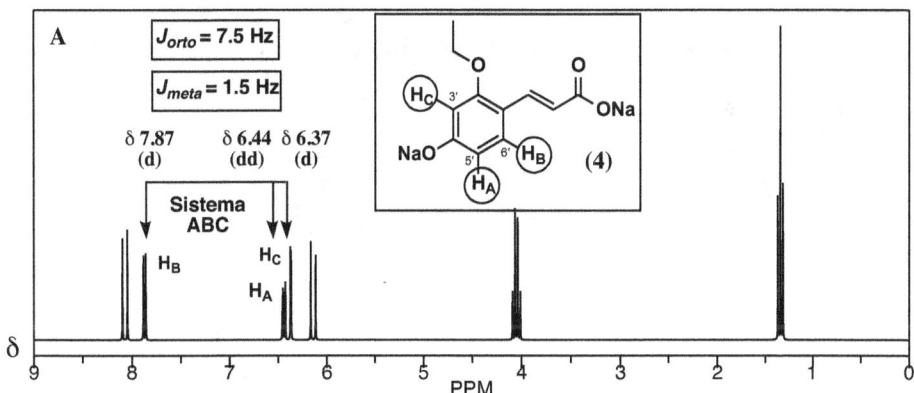

c) acoplamientos spin-spin ALIFATICOS "*vecinal*": O-CH₂-CH₃

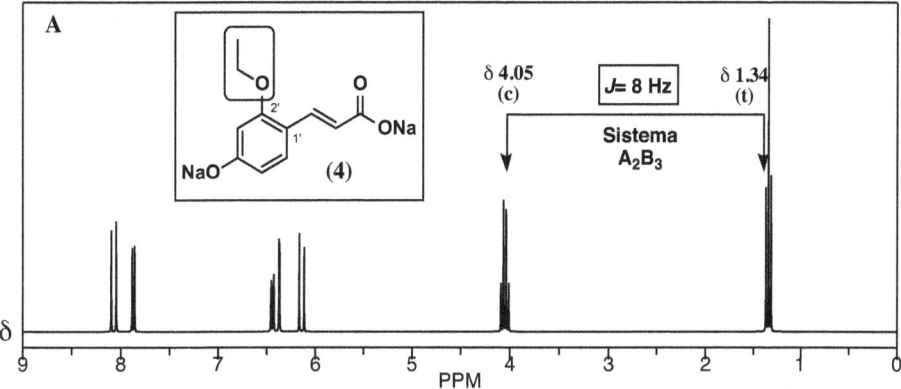

Solución al Ejercicio 8: ácido cinámico. <u>Espectro B</u> = análogo (2)

a) y b): idénticos a los del espectro A

c) acoplamientos spin-spin ALIFATICOS "*vecinal*": Ar-CH$_2$-CH$_3$

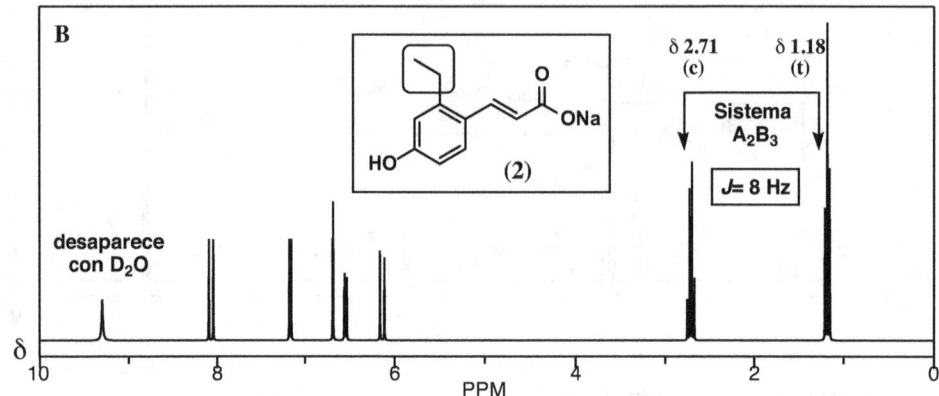

B

δ 2.71 (c) δ 1.18 (t)

Sistema A$_2$B$_3$

J= 8 Hz

desaparece con D$_2$O

δ

10   8   6   4   2   0

PPM

(2)

Solución al Ejercicio 8: ácido cinámico. <u>Espectros</u> ^{13}C-RMN

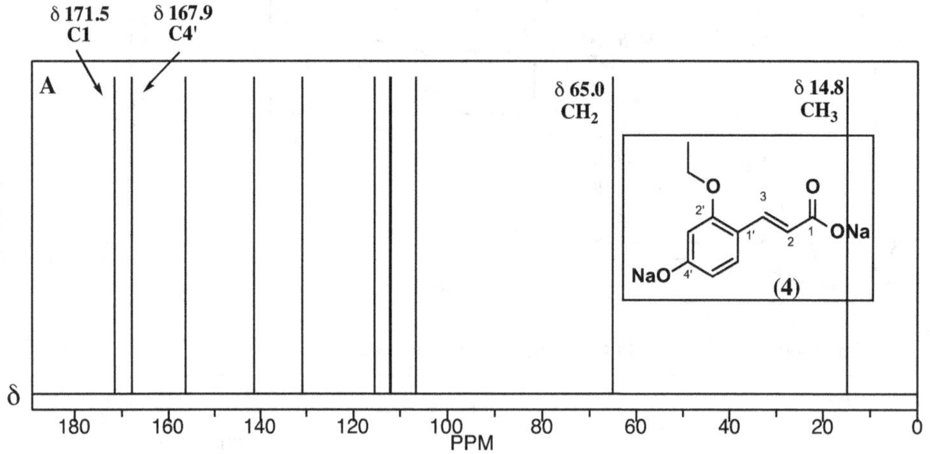

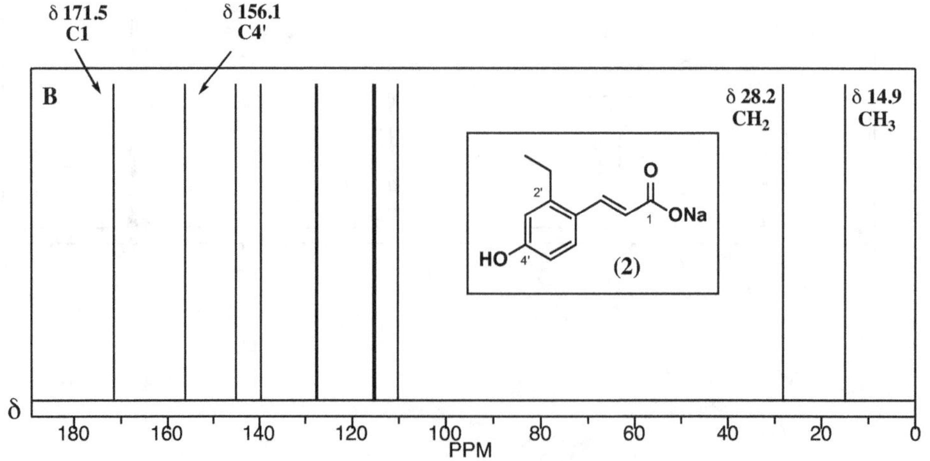

A

δ 171.5 C1 δ 167.9 C4' δ 65.0 CH$_2$ δ 14.8 CH$_3$

(4)

δ

180   160   140   120   100   80   60   40   20   0

PPM

B

δ 171.5 C1 δ 156.1 C4' δ 28.2 CH$_2$ δ 14.9 CH$_3$

(2)

δ

180   160   140   120   100   80   60   40   20   0

PPM

Apéndice 1

Ejercicios de Extracción, RMN y Biosíntesis (sin resolver)

Ejercicio 9: RMN de análogos del farmacóforo de estatinas

* El "farmacóforo" de las estatinas (**1**), es una δ-lactona abierta, que presenta alta afinidad por la HMG-CoA reductasa, enzima que convierte al **ácido hidroximetil glutárico** (**2**) en **ácido mevalónico** (**3**) [véase Capítulo 9, apdo 1].

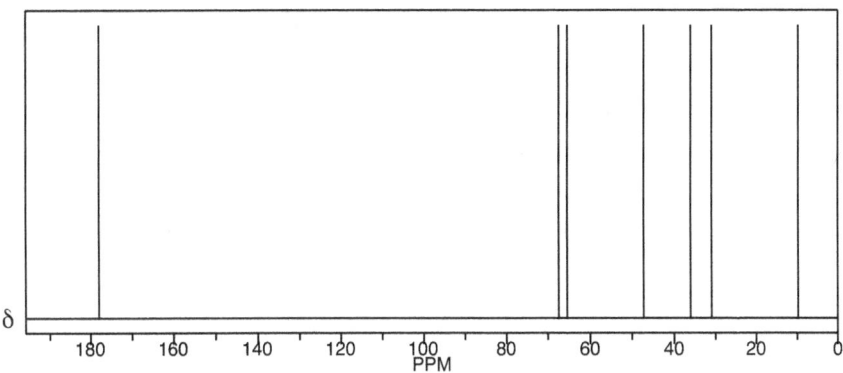

3,5-dihidroxi-heptanóico (**1**)
("farmacóforo" estatinas)
(sal sódica)

ácido hidroximetil glutárico (**2**)
(sal sódica)

ácido mevalónico (**3**)
(sal sódica)

* ¿A cuál de estas tres moléculas (**1**, **2** o **3**) pertenece el ¹H-RMN?
   a) Mide los desplazamientos químicos de cada señal: δ.
   b) Mide las constantes de acoplamiento: **J** (RMN de 300 MHz).
   c) ¿Qué sistemas spin-spin observas en el espectro?
   d) Integración: ¿cuántos H hay en cada señal?

*Información suplementaria: espectro de ¹³C-RMN.

Ejercicio 10: extracción y RMN de oseltamivir, ácido shikímico y análogos - Precursor biogenético III

10a: extracción de oseltamivir y ácido shikímico

* El éster del **ácido shikímico (1)** [véase **Capítulo 3 , apdo 3**], se utiliza en la síntesis del **oseltamivir (3)**. En la etapa final se observa en CCF y en ^{1}H-RMN, que **(3)** se encuentra acompañado del producto de partida **(1)** así como de un intermediario de síntesis **(2)**.

* Teniendo en cuenta que los tres compuestos son solubles en disolventes de polaridad media, ¿qué esquema propondrías para obtener **oseltamivir (3)** puro?

ácido shikímico (1)
(éster etílico)

(2)

oseltamivir (3)

10b: RMN de análogos de oseltamivir y ácido shikímico

* El **ácido shikímico** es el principal precursor biogenético de **MSA** aromáticos. Abunda en el Anís Estrellado, de donde se aísla para ser utilizado como materia prima en la síntesis del antiviral **oseltamivir**, utilizado en la gripe aviar [véase **Capítulo 18, apdo 2**].

(1)

(2)

ácido shikímico
(éster etílico)

(3)

oseltamivir

(4)

* Los espectros de ^{1}H-RMN **A** y **B** pertenecen a dos de estas moléculas.
    a) Mide los desplazamientos químicos de cada señal: δ.
    b) Mide las constantes de acoplamiento: **J** (RMN de 300 MHz).
    c) ¿Qué sistemas spin-spin observas en el espectro?
    d) Integración: ¿cuántos H hay en cada señal?

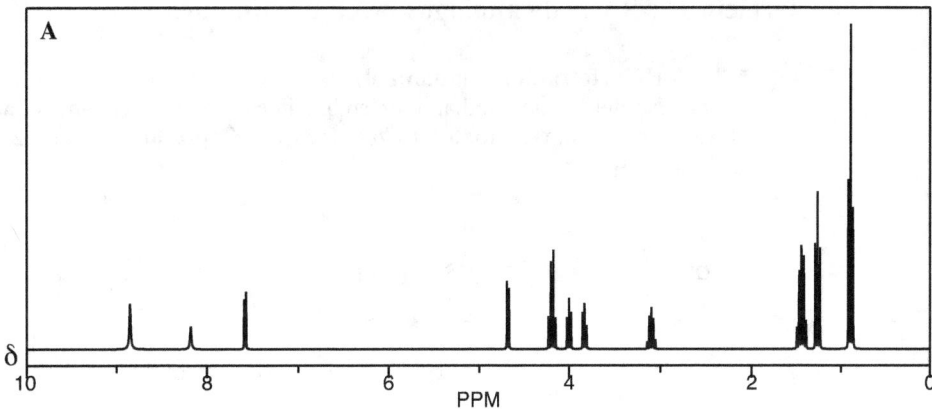

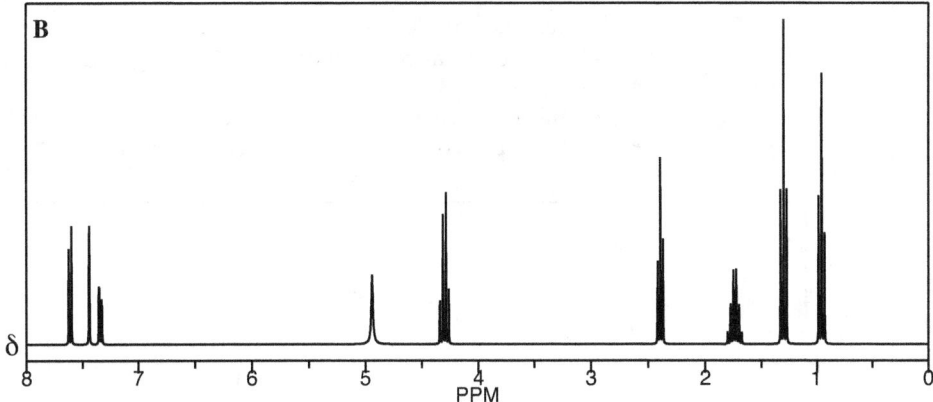

Ejercicio 11: RMN de análogos de cannabinoides

* El **THC** (**tetrahidrocannabinol**) es el responsable de la actividad psicoactiva del Cáñamo indiano. En su biosíntesis intervienen tanto el **ácido mevalónico**, como el **malonil-CoA** [véanse **Capítulo 3, apdo 2.4, y Capítulo 14**].

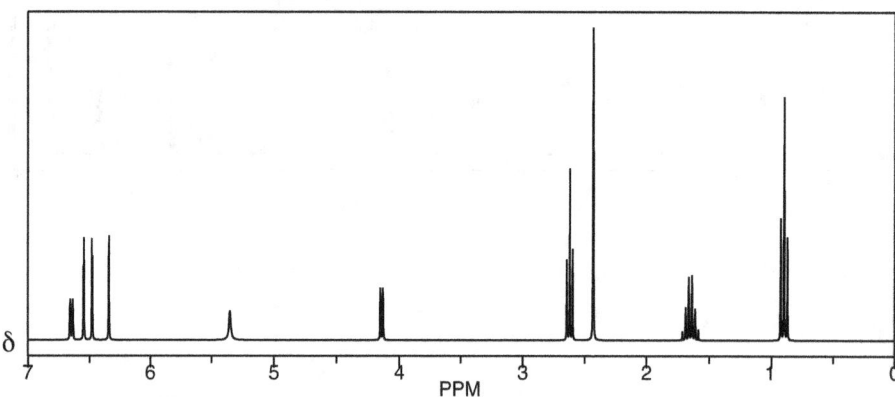

(1)   (2)   (3)

* ¿A cuál de los tres análogos de **THC** pertenece el ^{1}H-RMN?

   a) Mide los desplazamientos químicos (δ) y asigna las señales en cada espectro.

   b) Determina los sistemas de acoplamiento spin-spin y el valor de las constantes de acoplamiento (**J**) que cabe esperar.

Ejercicio 12: RMN y biosíntesis del ácido rigidunóico y análogos

* El **ácido rigidunóico (éster etílico) (1)** se aísla en las cortezas del tronco de una Rutaceae colombiana, *Zanthoxylum rigidum*. Mediante procesos enzimáticos simples se convierte en los análogos **(2)** y **(3)**.

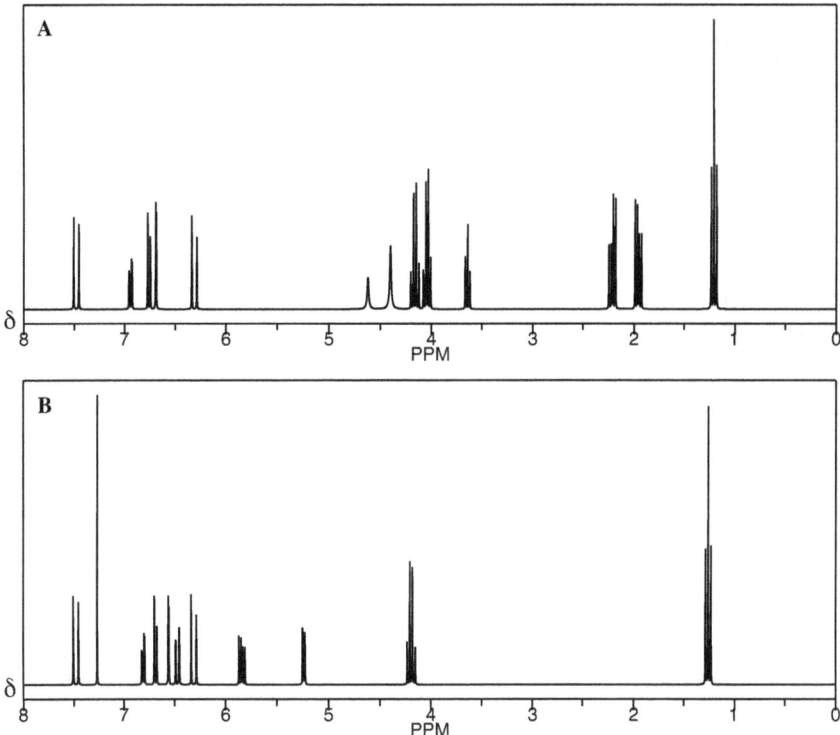

12a: RMN del ácido rigidunóico y análogos

* Los espectros de ¹H-RMN **A** y **B** pertenecen a dos de esas moléculas **(1,2,3)**.

a) Mide los desplazamientos químicos (δ) y asigna las señales en cada espectro.

b) Determina los sistemas de acoplamiento spin-spin y el valor de las constantes de acoplamiento (**J**) que cabe esperar.

12b: biosíntesis del ácido rigidunóico

* Elabora un esquema biosintético del **ácido rigidunóico**.

Ejercicio 13: RMN de alcaloides tropánicos

* El origen biogenético de los alcaloides tropánicos es mixto. El anillo pirrolicidínico proviene del aminoácido **ornitina**, mientras que el piperidínico lo proporciona el **acetil-CoA [véanse Capítulo 4, apdo 1 y Capítulo 10, apdo 2.1]**.

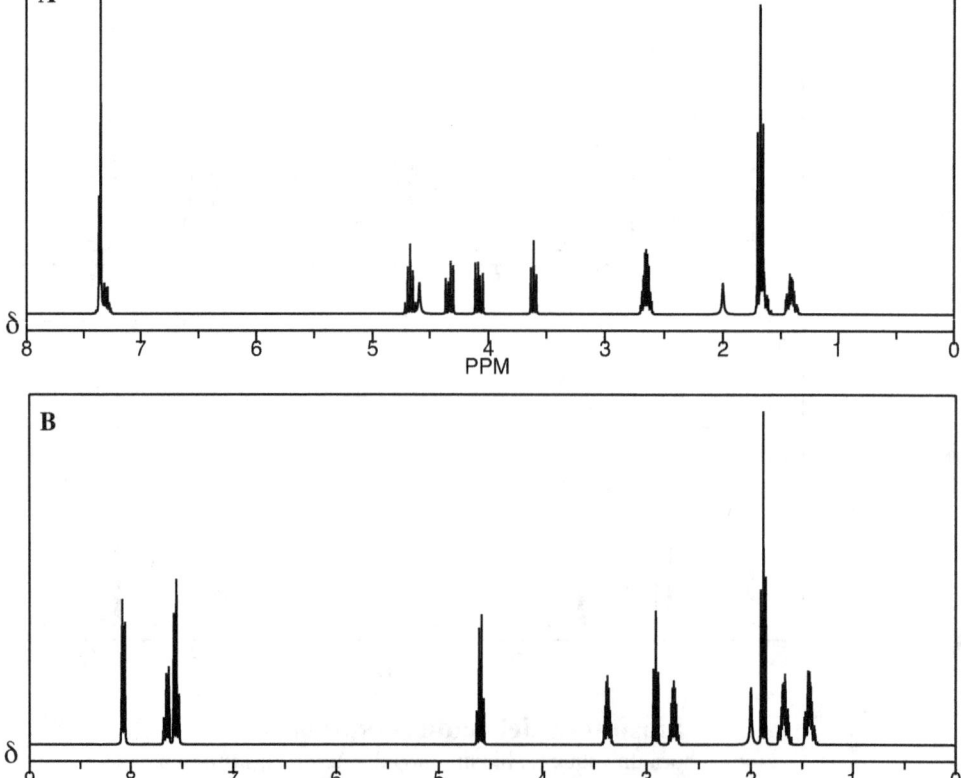

nor-atropina (1)   (-)- *nor*-escopolamina (2)   (-)- *nor*-cocaína (3)
                                                                  (sal sodica)

* Los espectros de ¹H-RMN **A** y **B** pertenecen a dos de estos **MSA (1,2,3)**.

    a) Mide los desplazamientos químicos (δ) y asigna las señales en cada espectro.

    b) Determina los sistemas de acoplamiento spin-spin y el valor de las constantes de acoplamiento (**J**) que cabe esperar.

113

* Información complementaria: ¹H-RMN del **ácido benzóico** y del **ácido trópico**.

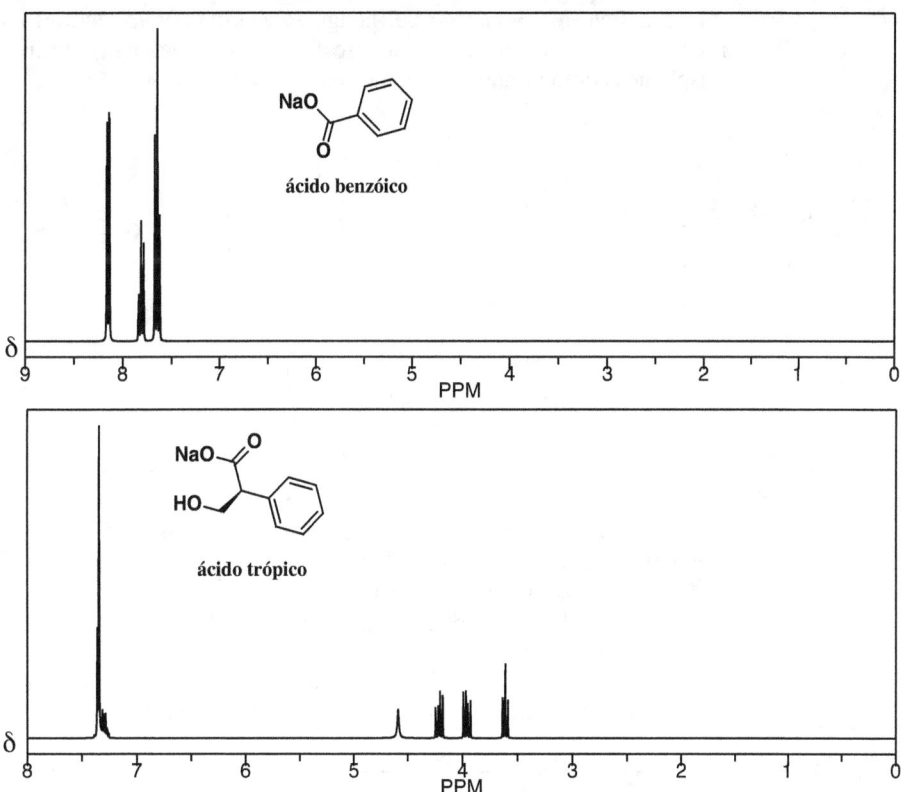

Ejercicio 14: RMN del ácido micofenólico y análogos

* La "prodroga" **micofenolato de mofetilo** es un éster del **ácido micofenólico, MSA** aislado del hongo *Penicillium stoloniferum*, inhibidor reversible de la inosina monofosfato deshidrogenasa, utilizado en trasplantes como inmunomodulador **[véase Capítulo 18]**.

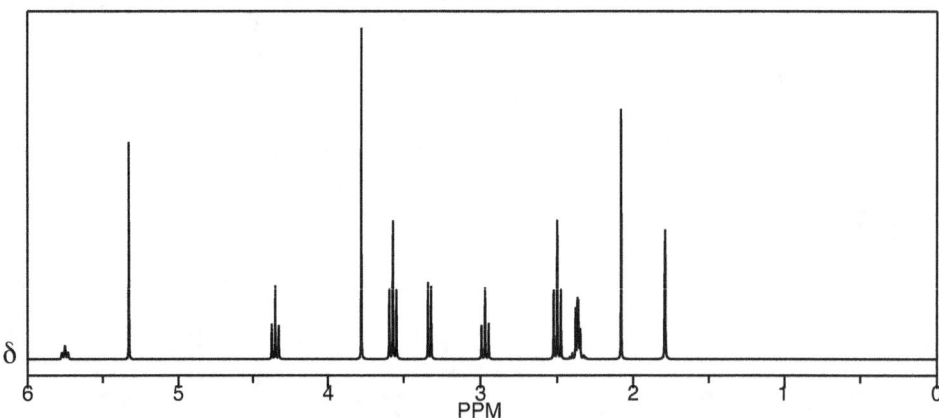

A

C

B

* ¿Cuál de las siguientes tres estructuras (**A**, **B** y **C**) pertenece al **micofenolato de mofetilo**, sabiendo que el espectro de ^{1}H-RMN que aparece a continuación corresponde a dicha molécula?

   a) Mide los desplazamientos químicos (δ) y asigna las señales en cada espectro.

   b) Determina los sistemas de acoplamiento spin-spin y el valor de las constantes de acoplamiento (J) que cabe esperar.

Ejercicio 15: Extracción, biosíntesis y RMN de khellina y análogos

* En los frutos de *Ammi visnaga*, Apiaceae, el componente mayoritario es la **khellina (1)**, furanobenzopirona o furanocromona espasmolítica. En la actualidad, análogos sintéticos de la **khelina (cromoglicato®** y **nedocromil®**), se utilizan como antiasmáticos, gracias a la actividad antiinflamatoria local y a comportarse como inhibidores de la degranulación de mastocitos.

* En la misma **MP** se encuentran, los **MSA khello-glucósido (2)** y **visnagina (3)**.

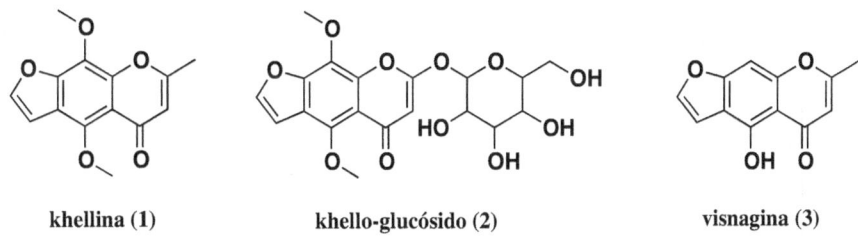

khellina (1)   khello-glucósido (2)   visnagina (3)

15a: extracción de khellina y análogos

* Elabora un esquema de aislamiento, extracción + purificación, de estos **MSA** a partir de la **MP**.

15b: biosíntesis de khellina y análogos

* La **khelina** y la **visnagina** son dos metabolitos mixtos. Diseña un esquema biosintético de formación de ambos **MSA**, sabiendo que las moléculas **A** y **B** son dos de los intermedios.

A   B

15c: RMN de khellina y análogos

* El espectro de ^{1}H-RMN-**A** que aparece a continuación pertenece a uno de los siguientes tres análogos de **khellina: 1, 2** y **3**.

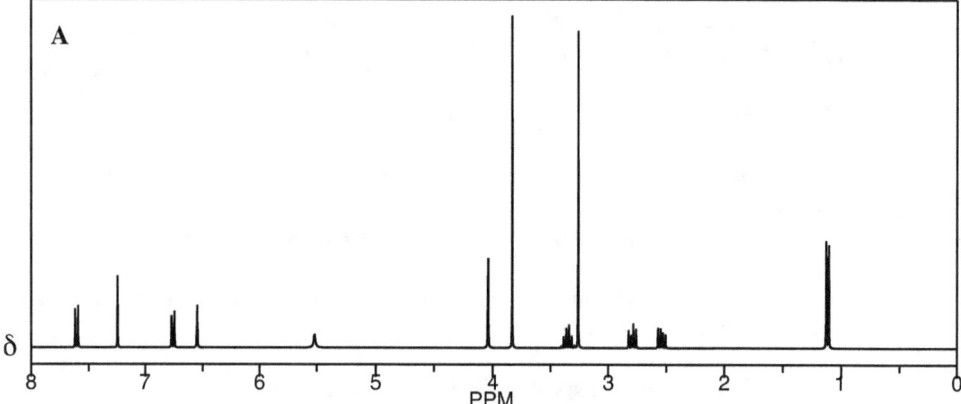

a) Mide los desplazamientos químicos (δ) y asigna las señales en cada espectro.

b) Determina los sistemas de acoplamiento spin-spin y el valor de las constantes de acoplamiento (**J**) que cabe esperar.

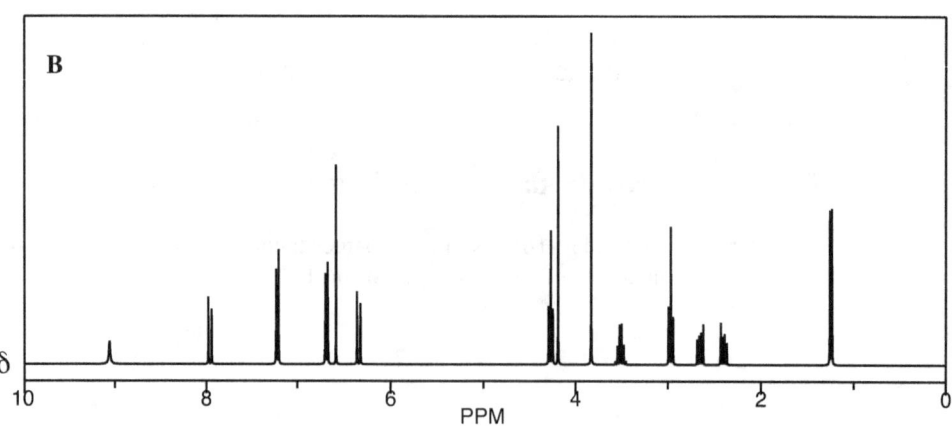

* Al tratar uno de los tres compuestos (**1, 2** o **3**) con polvo de Mg y HCl concentrado [**véase detección de flavonoides: Capítulo 6, apdo 1**], se obtiene el compuesto **4**, cuyo espectro de ¹H-RMN-**B** aparece a continuación. Propón la estructura y asigna las señales.

117

Ejercicio 16: Biosíntesis de gosipol

* Las semillas de Algodón, *Gossypium hirsutum* y *G. arboretum*, Malvaceae, contienen celulosa, proteínas y 1 % de un dímero denominado **gosipol**. Este **MSA** fue utilizado en China como anticonceptivo masculino, ya que produce oligospermia y pérdida de movilidad de los espermatozoides.

gosipol

* Elabora un esquema de biosíntesis de **gosipol**, a partir de su precursor biogenético, sabiendo que su estructura presenta dos unidades de 15 átomos de carbono.

Ejercicio 17: RMN de pseudopterosina y análogos

* La **pseudopterosina**, es un **MSA** marino diterpénico [**véase Capítulo 3, apdo 4.4**], aislado en *Pseudopterogorgia elisabethae*, Gorgonia recolectada en aguas del Caribe. Actua inhibiendo la desgranulación de los neutrófilos y antagoniza enzimas de la cascada del **ácido araquidónico**: ciclooxigenasa y lipooxigenasa.

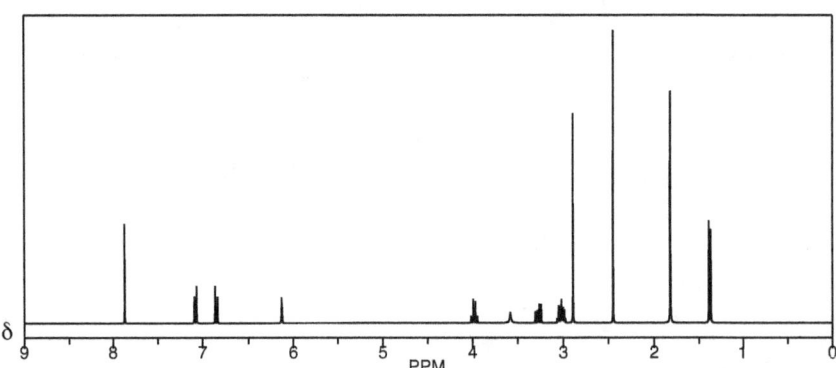

A   B   C

* ¿A cuál de estos tres análogos de la **pseudopterosina** (A, B y C) pertenece el espectro de ¹H-RMN?

a) Mide los desplazamientos químicos (δ) y asigna las señales en cada espectro.

b) Determina los sistemas de acoplamiento spin-spin y el valor de las constantes de acoplamiento (J) que cabe esperar.

Ejercicio 18: RMN de oleuropeósido y análogos

* La hoja de Olivo, *Olea europaea* (Oleaceae), posee propiedades hipotensoras. Contiene secoiridoides [**véase Capítulo 3, apdo 4.2**], siendo el mayoritario el **oleuropeósido**, que es un potente antioxidante, y el dialdehído **oleacina**.

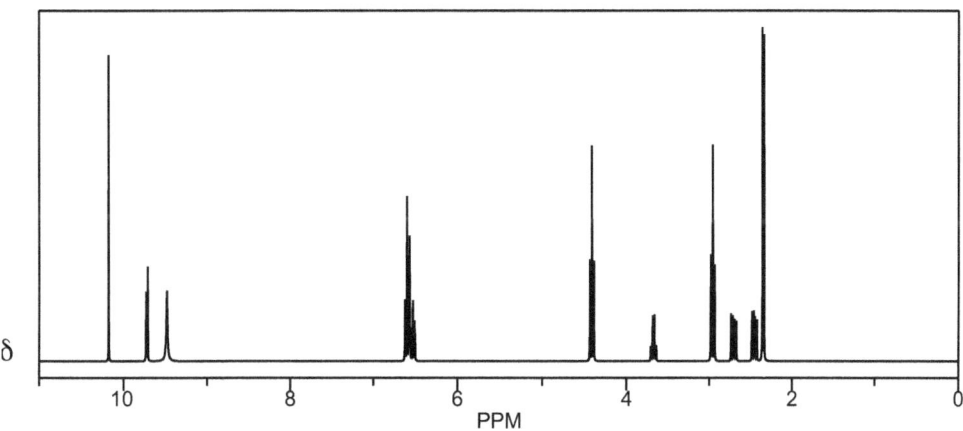

oleuropeósido (1)   oleacina, análogo (2)

* ¿A cuál de estas dos moléculas (**1** o **2**), pertenece el espectro de ¹H-RMN?

a) Mide los desplazamientos químicos (δ) y asigna las señales en cada espectro.

b) Determina los sistemas de acoplamiento spin-spin y el valor de las constantes de acoplamiento (*J*) que cabe esperar.

Sección II. *MSA utilizados en los diferentes sistemas*

Capítulo 6.-

MSA que actúan en el Sistema Cardiovascular

Capítulo 6.- *MSA que actúan en el Sistema Cardiovascular*

1- Venotónicos. Flavonoides: polifenoles antioxidantes
    1.1- Venotónicos derivados de FLV: antocianósidos
    1.2- Venotónicos derivados de FLV: taninos
    1.3- Vino tinto y resveratrol
    1.4- Venotónicos derivados del ácido shikímico:
        cumarinas
    1.5- Venotónicos derivados del ácido mevalónico:
        saponósidos
2- Glicósidos cardiotónicos. Insuficiencia cardiaca
   congestiva
3- Esteroides y triterpenos en la síntesis de corticoides
   y hormonas esteroídicas

1.- Venotónicos. Flavonoides: polifenoles antioxidantes

* Los flavonoides (FLV) son polifenoles muy abundantes en la naturaleza, con propiedades antioxidantes y utilizados en casos de fragilidad capilar y problemas menores de la circulación de retorno. Se obtienen industrialmente a partir de especies de Rutaceae y Fabaceae, donde pueden encontrarse hasta en un 20 %.

* Los FLV junto con otros polifenoles, como los antocianos y las cumarinas, constituyen el "factor vitamínico P", **MSA** capaces de tratar insuficiencias venosas.

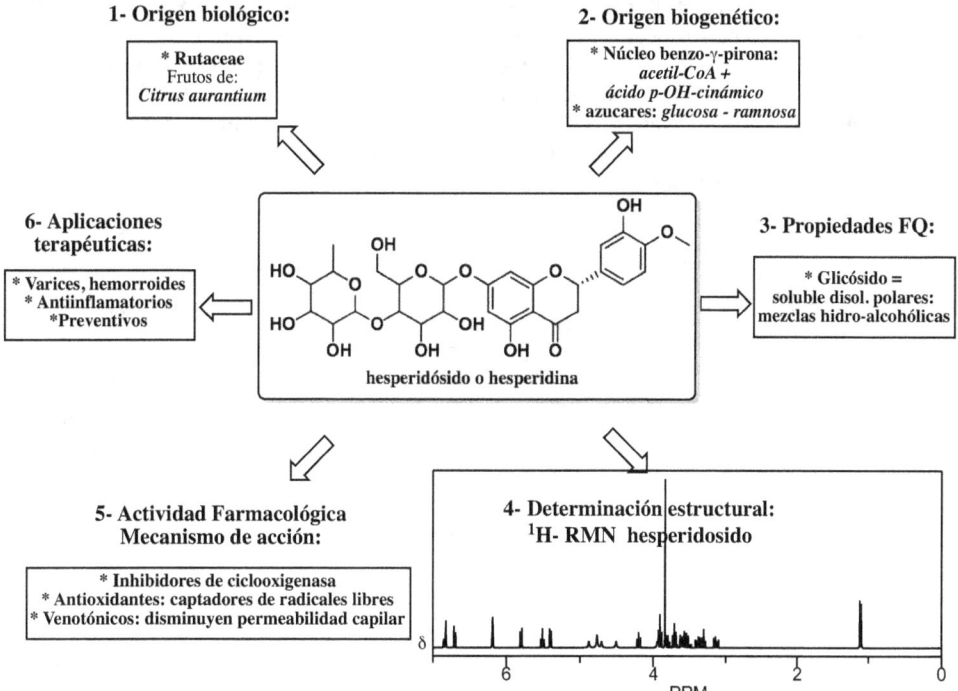

Hesperidina: "cabeza de serie" de FLV

Estructura química

* Los FLV presentan biosíntesis mixta. Una molécula de **ácido 4-OH-cinámico** y tres de **malonil-CoA**, dan lugar a las chalconas, que son las que generan el núcleo flavonoide o benzo-γ-pirona, mediante una reacción tipo Michael **[véase Capítulo 3, apdo 3.6]**.

* El esqueleto benzo-γ-pirona o cromona, está sustituido en posición 2 por un grupo arilo corrientemente mono- o di-hidroxilado. Los FLV utilizados en terapéutica se encuentran glicosilados, habitualmente por **glucoramnosa**. La glicosilación se produce preferentemente sobre los OH del esqueleto flavónico con mayor carácter ácido (posiciones 7 y 3), dando lugar a un puente éter **[véase Capítulo 3, apdo 3.6]**.

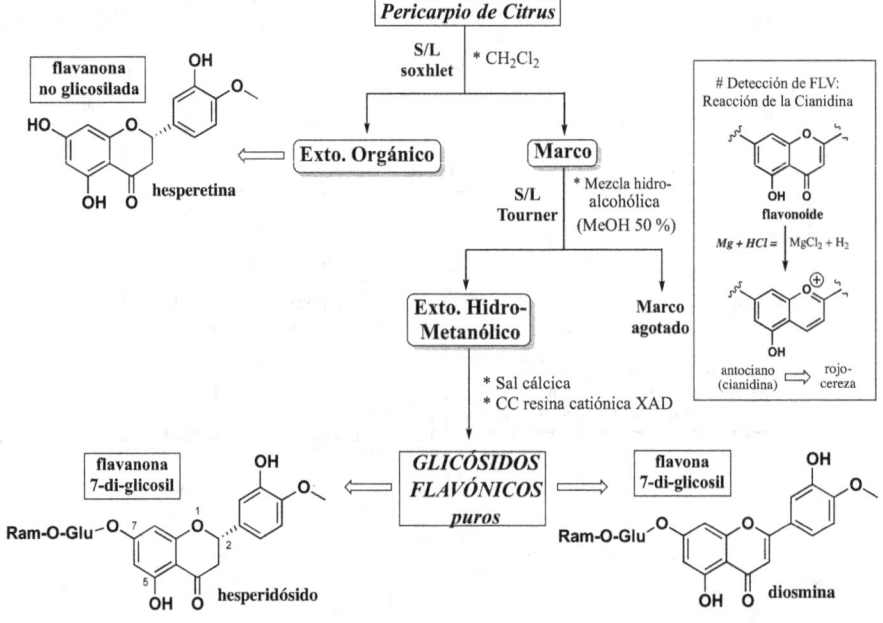

rutósido o rutina

Aislamiento a partir de la MP natural

* Las **MP** más utilizadas por la industria farmacéutica para obtener FLV son los pericarpios y las pulpas de diversas especies del género *Citrus*, Rutaceae, así como los botones florales de *Sophora japonica*, Fabaceae. En ambos casos se aíslan con muy alto rendimiento los glicósidos **hesperidósido** y **rutósido**, respectivamente **[véanse Capítulo 2, Ejercicio 1, y Apéndices 1 y 2, Ejercicio 15]**. Las hojas de *Ginkgo biloba*, Ginkgoaceae, que contienen FLV y diterpenos, se utilizan en casos de insuficiencia vascular cerebral, pero en forma de extracto y no los **MSA** puros.

Extracción de FLV del Albedo de Naranja

RMN de glicósidos flavónicos

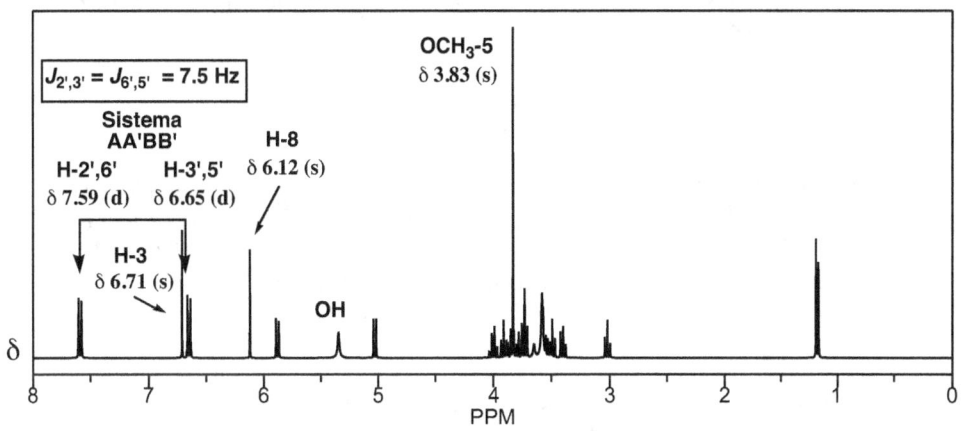

glicósido flavónico

a) δ y acoplamientos spin-spin de la porción FLAVÓNICA: "flavona"

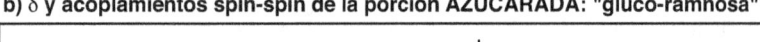

b) δ y acoplamientos spin-spin de la porción AZUCARADA: "gluco-ramnosa"

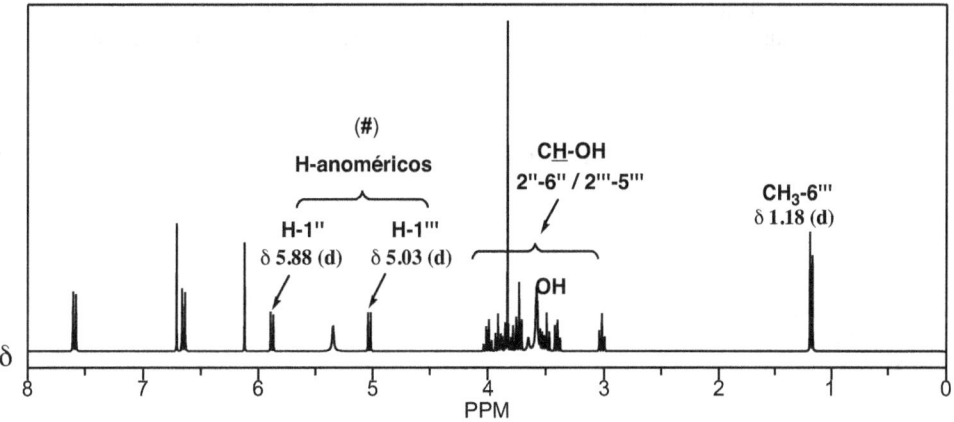

RMN de furanobenzopironas [véanse Apéndices 1 y 2, Ejercicio 15].

Propiedades biológicas. Aplicaciones terapéuticas

* Como veremos en este mismo capítulo, las propiedades biológicas de los FLV son comunes a las de algunos de sus derivados biogenéticos, antocianos y oligómeros flavónicos (taninos), así como a la de derivados directos del **ácido shikímico**, cumarinas. También los saponósidos triterpénicos, biosintetizados a partir del **ácido mevalónico**, presentan propiedades comunes a los FLV.

VENOTÓNICOS - VENOPROTECTORES:
* *disminuyen permeabilidad capilar* $\Longrightarrow$ *Factor vitamínico P*
* *refuerzan su resistencia*

⇑

ANTIINFLAMATORIOS
INHIBIDORES DE ENZIMAS:
* *5-lipooxigenasa*
* *ciclooxigenasa*
* *fosfodiesterasa*
* *prolina-hidrolasa*

$\Longleftarrow$ **FLV polifenoles** $\Longrightarrow$

PREVENTIVOS:
EVITAN ENFERMEDADES:
cardiovasculares, cerebrales,
ciertos tipos de cáncer,
disminuye presión arterial

⇓

ANTIOXIDANTES:
* *captadores de radicales libres*
* *responsables: los OH fenólicos*

* *En condiciones de ANOXIA:*
producción de radical
superóxido (O_2^-)

* *En autooxidación LIPÍDICA:*
generación de radicales
($R·$) y ($ROOH·$)

* *En condiciones de INFLAMACIÓN:*
producción de radical
superóxido (O_2^-) y ($OH·$)

* Aunque los FLV y polifenoles presentan numerosas propiedades biológicas, sus aplicaciones terapéuticas se reducen a manifestaciones cardiovasculares menores, como venotónicos:
- Tratamiento de insuficiencia venosa crónica. Disminución de edemas.
- Tratamiento de hemorroides y varices. Cicatrización de úlceras varicosas.

* El consumo de frutas y verduras, ricas en FLV y polifenoles, puede considerarse como un hábito fundamental para disminuir las posibilidades de contraer enfermedades cardiovasculares y algunos tipos de cáncer.

* Farmacocinética. Preparación de flavonoides con mejor biodisponibilidad. Por ejemplo **troxerutina** del **rutósido**.

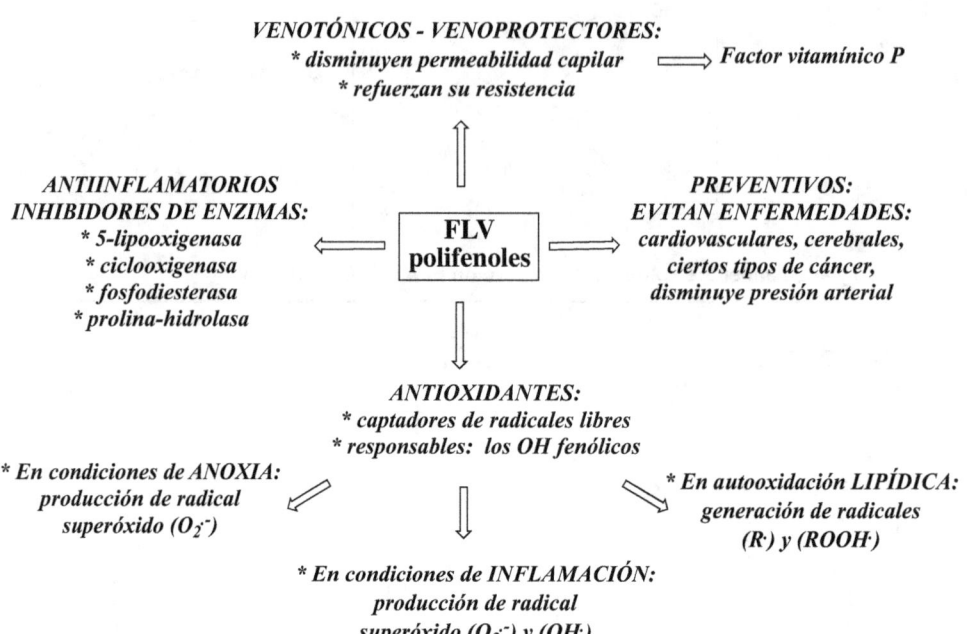

rutósido o rutina

troxerutina

* Medicamentos. Via oral comprimidos recubiertos. **Diosmina Pensa Pharma®** (Pensa). Asociación **Diosmina + Hesperidósido: Daflón®** (Servier). **Troxerutina®** (Cinfa), **Esberiven®** (Faes), **Venoruton®** (GlaxoSmithK).

Isoflavonoides

* Son **MSA** muy poco frecuentes en la naturaleza, formados a través de un mecanismo radicalar a partir de FLV. Se encuentran sobre todo en la Soja, *Glycine max*, Fabaceae. La estructura planar de las isoflavonas y su polaridad, les confiere propiedades similares a las de hormonas esteroídicas como el **estradiol**. Son capaces de fijarse a receptores estrogénicos, y antagonizar los efectos de los ligandos naturales.

flavonoide
(naringenina)

isoflavonoide
(genisteína)

* El consumo de Soja, gracias a su contenido en isoflavonas, protege frente al cáncer estrógeno dependiente, cáncer de mama, restringiendo los niveles de las hormonas estrogénicas. Además reduce los síntomas de la menopausia.

Flavonolignanos

* Se trata de **MSA** formados mediante acoplamiento radicalar entre un FLV y un análogo del **ácido cinámico**. El compuesto de mayor interés en terapéutica es la **silibina** o **silimarina**, aislada en la semillas de Cardo mariano, *Silybum marianum*, Asteraceae. La **silibina** actua como hepatoprotector en intoxicaciones por *Amanita phaloides* y en hepatopatías crónicas.

silibina

* <u>Medicamentos</u>. Via oral. **Legalón**® (Meda Pharma), **Silarine**® (Vir).

1.1.- Venotónicos derivados de FLV: antocianósidos

* Los antocianósidos son pigmentos hidrosolubles polifenólicos, responsables de los colores intensos (rojo-cereza, violeta, azul) de flores y frutos de un gran número de Angiospermas. Se acumulan en vacuolas de células de tejidos epidérmicos. Las frutas y legumbres que los contienen (mora, arándano, uva negra, cereza, ciruela, berenjena, etc), forman parte de los alimentos ricos en polifenoles, cuyo consumo regular disminuye el riesgo de sufrir accidentes cardiovasculares.

flavonoide

NADPH
2-oxoglutarato
O_2

O_2

UDP-glucosa
- $2H_2O$

3-glucosil-cianidina

* En medio ácido los antocianósidos se presentan en forma catiónica, con estructura benzo-pirilio o flavilio, como resultado de la oxidación de FLV. La glicosilación, que necesita la intervención del agente glicosilante **UDP-glucosa [véase Capítulo 3, apdo 3.6]**, se efectúa frecuentemente sobre los OH de las posiciones 3 y 5. Son muy sensibles al pH: en medio ácido fuerte son rojos, y al aumentar el pH se vuelven azul-violáceo. Se extraen en soluciones acuosas ácidas y se purifican con resinas de intercambio iónico.

* Las principales **MP** con antocianósidos: frutos de Arándano (*Vaccinium myrtillus*, Ericaceae), frutos de Casis o Grosella negra (*Ribes nigrum*, Grossulariaceae) y hojas de Vid roja (*Vitis vinifera*, Vitaceae).

pH= 1 (rojo)

pH > 3 (violeta)

3,5-diglucosil-pelargonidol

* Indicaciones terapéuticas. Además de ser utilizados como venotónicos en problemas de fragilidad capilar (varices, hemorroides), se utilizan en oftalmología en problemas circulatorios de retina, ya que mejoran la visión nocturna al aumentar la regeneración de la púrpura retiniana.

1.2.-Venotónicos derivados de FLV: taninos

* Se trata de compuestos polifenólicos con una masa molécular comprendida entre 500 y 3000 g/mol, que tienen la particularidad de precipitar las proteínas: poder astringente. Los hay de dos tipos, los proantocianidoles, originados mediante polimerización de unidades de **catecol**, estructura con el esqueleto flavónico desprovista del carbonilo en posición 4, y los poliésteres de los **ácidos gálico** o **elágico** con la **glucosa**.

catecol

ácido gálico

ácido elágico

* Los derivados del catecol, se biosintetizan a partir de los FLV [**véase Capítulo 3, apdo 3.7**]. Los formados a parir de los **ácidos gálico** y **elágico**, provienen del **ácido shikímico**. Al ser moléculas polifenólicas de alto peso molecular, tienen carácter ácido fuerte, precipitan las proteínas y se combinan con sustancias alcalinas (alcaloides). Son solubles en disolventes polares, incluso en agua caliente.

* Las principales **MP** con taninos: agallas de Roble (*Quercus* spp, Fagaceae), hojas de Hamamalis, (*Hamamelis virginiana*, Hamamelidaceae) y raíz de Ratania (*Krameria triandra*, Krameriaceae).

4-8'

4-8' + 2-7'

proantocianidoles
(derivados del catecol)

pentagaloil-glucosa
(derivados del ácido gálico)

* <u>Indicaciones terapéuticas</u>. Al ser astringentes, tienen propiedades antidiarreicas. Son venotónicos y antioxidantes como FLV y antocianos, por tanto se utilizan en trastornos leves de circulación venosa y en el tratamiento de hemorroides.

1.3.- Vino tinto y resveratrol

* Los polifenoles del vino tinto, proantocianidoles, FLV, antocianos y **resveratrol,** ejercen una acción preventiva contra los accidentes cardiovasculares, evitando la formación de ateromas, lo que se denomina "paradoja francesa".

resveratrol

* El **resveratrol** (3,5,4'-trihidroxi-*trans*-estilbeno), se biosintetiza, como los FLV, a partir de tres moléculas de **malonil-CoA** y una de **ácido 4-OH-cinámico**, pero a través de una condensación que evita el intermediario chalcona [**véase Capítulo 3, apdo 3.6**]. Se encuentra en las semillas de la uva y en cantidades variables en el vino tinto (de 2 a 15 mg/l), también en el arándano rojo y en los cacahuetes.

* El **resveratrol**, forma parte de los cardioprotectores del vino tinto. Pero además se le atribuyen múltiples propiedades farmacológicas: inhibidor de las ciclooxigenasas y ornitina descarboxilasa, inhibidor de las enzimas activadoras de procarcinogénesis fase I, e inductor de apoptosis. Además es antioxidante, captador de radicales libres, previene la peroxidación lipídica e inhibe la agregación plaquetaria. Podría frenar enfermedades neurodegenerativas como el Alzheimer, y se opone al envejecimiento celular. No es tóxico y su biodisponibilidad es baja.

1.4.- Venotónicos derivados del ácido shikímico: cumarinas

* Las cumarinas, son derivados directos del **ácido shikímico**. Presentan en su estructura una δ-lactona generada a partir del **ácido 2-cumárico** [**véase Capítulo 3, apdo 3.5**].

* Desde un punto de vista farmacológico, caben destacar los efectos venotónicos del **esculósido**, aislado en las cortezas del Castaño de Indias, *Aesculus hippocastanum*, Hippocastanaceae, así como las propiedades vasodilatadoras coronarias de la **visnadina**, piranocumarina de las hojas de Khella, *Ammi visnaga*, Apiaceae [**MSA de frutos de Khella: véanse Apéndices 1 y 2, Ejercicio 15**], [cumarinas anticoagulantes: **véase Capítulo 8, apdo 2**].

* Las furanocumarinas, como **psolareno y metoxaleno**, aisladas entre otras en *Citrus aurantius* y *Ammi visnaga*, respectivamente, pueden producir fototoxicidad, aunque se utilizan en el tratamiento fotoquimioterápico de la psoriasis, del vitíligo y otras afecciones dermatológicas. Producen un aumento de la tolerancia a luz solar.

esculósido

visnadina

psolareno

xantotoxina (metoxaleno)

1.5.- Venotónicos derivados del ácido mevalónico: saponósidos

* Los saponósidos, son **MSA** que presentan en su estructura un esqueleto triperpénico (TT) (a veces un núcleo esteroídico), proveniente del **epoxi-escualeno [véase Capítulo 3, apdo 4.5]**. Se encuentran glicosilados, formando un puente éter entre la cadena azucarada y el OH en posición 3 del esqueleto TT.

* La gran diferencia entre la lipofilia del TT o esteroide y la hidrofilia de la parte azucarada, confiere a los saponósidos una anfofilia, por lo que son capaces de provocar espuma persistente al ser agitados en solución acuosa. Esto es lo que se denomina "poder afrógeno".

* Ya hemos visto que en las cortezas del Castaño de indias, *Aesculus hippocastanum*, Hippocastanaceae, se encuentran cumarinas glicosiladas. En las semillas se aísla la **escina**, que es una mezcla de glicósidos TT de esqueleto oleanano, con propiedades antiinflamatorias y antiedematosas, además de venotónicas.

escina

ruscósido

* El Rusco, rizoma de *Ruscus aculeatus*, Ruscaceae, presenta glicósidos de esteroides, como el **ruscósido**. Su actividad venotónica estaría relacionada con un efecto estimulante a nivel de los receptores α-adrénergicos de las células lisas de la pared vascular.

* En la Centella, parte aérea de *Centella asiatica*, Apiaceae, se encuentran glicósidos TT, cuya parte azucarada se condensa con la función ácido carboxílica en posición 28, dando lugar en este caso a unión éster y no éter. **Asiaticósido** y **madecasósido** son los saponósidos mayoritarios. Estos compuestos son capaces de acelerar la cicatrización de las heridas superficiales, ya que estimulan la síntesis de colágeno y de mucopolisacáridos, indispensables en los procesos de cicatrización

madecasósido

ginsenósido

* En las raíces de Ginseng, *Panax ginseg*, Araliaceae, y en los rizomas de Eleuterococo, *Eleutherococcus senticosus*, Araliaceae, se encuentran mezclas complejas de saponósidos esteroídicos y triterpénicos (**ginsenósidos** en el Ginseng). Estos **MSA** se describen como adaptógenos, es decir, sustancias capaces de estimular el SNC y el metabolismo.

* Indicaciones terapéuticas. Son venotónicos como los FLV y polifenoles, por tanto se utilizan en trastornos leves de circulación venosa: fragilidad capilar e insuficiencias venosas. Los de *Centella asiatica*, **asiaticósido** y **madecasósido**, además se utilizan como cicatrizantes de heridas y úlceras.

* Medicamentos venotónicos (antocianosídos, taninos, cumarinas y saponósidos). **Antocianósidos: Antistax®** (Boehring). **Taninos: Hamamelis®** (Arkopharma). **Furanocumarina Metoxaleno: Oxsolaren®** (Valeant). **Escina: Flebostasin Retard®** (Daiichi Sankyo), **Thrombescina®** (Lacer). **Ruscósido: Rusco®** (Arkopharma). **Asiaticósido + Madecasósido: Grail®** (Trepat Chem), **Blastoestimulina®** (Almirall).

2.- Glicósidos Cardiotónicos. Insuficiencia cardiaca congestiva

* Los glicósidos cardiotónicos (GC) se utilizan principalmente en casos de insuficiencia cardiaca congestiva (ICC). También en taquicardia supraventricular y fibrilación auricular. Las hojas de *Digitalis lanata* y la *D. purpurea*, Plantaginaceae, contienen la mayor parte de los GC utilizados en terapéutica, en especial la **digoxina**.

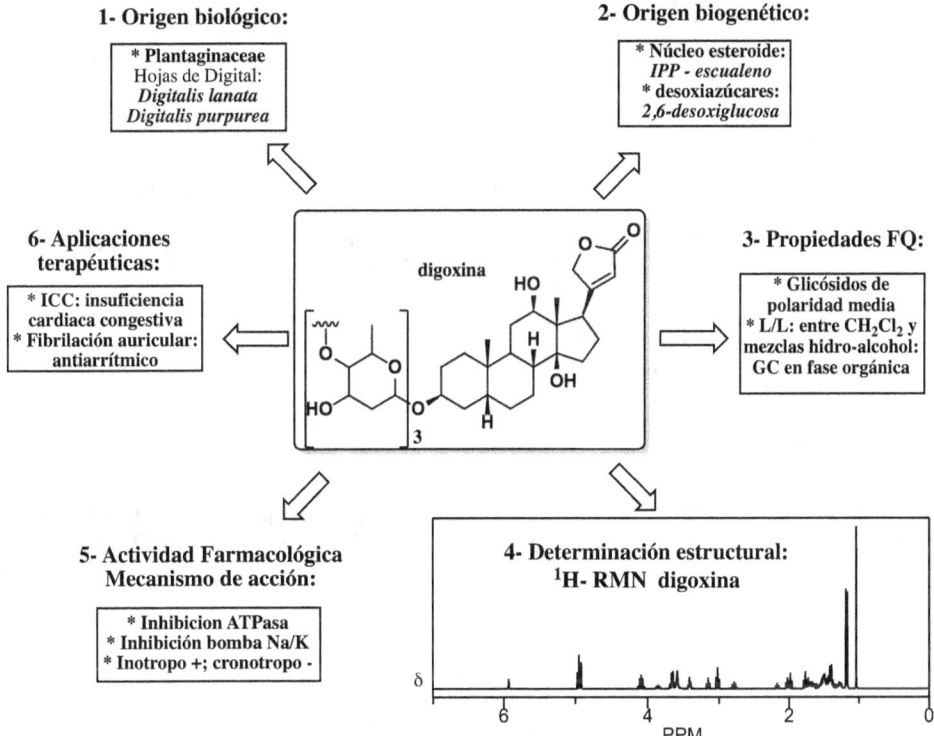

Digoxina: "cabeza de serie" de GC

Estructura química

* Los GC se biosintetizan a través de la condensación de seis unidades de **isopreno**, dando lugar al **epoxi-escualeno**, precursor de terpenoides C30. La pérdida de carbonos por oxidación, da lugar a la biosíntesis del núcleo esteroídico (C27), del que forman parte moléculas de gran importancia tanto en el reino animal, **colesterol** y hormonas esteroídicas, como en el vegetal, GC [véase Capítulo 3, apdo 4.6].

* Los GC presentan un esqueleto esteroídico moderadamente hidroxilado, con una γ-lactona insaturada unida en posición 17, en lugar de la cadena hidrocarbonada que poseen los esteroides. A través del OH en posición 3 se fijan unidades de desoxiazúcares, **digitoxosa** en el caso de los digitálicos, lo que confiere a estos GC un polaridad inferior respecto a la de glicósidos clásicos, como los estudiados en el apartado anterior de éste Capítulo: FLV y antocianos.

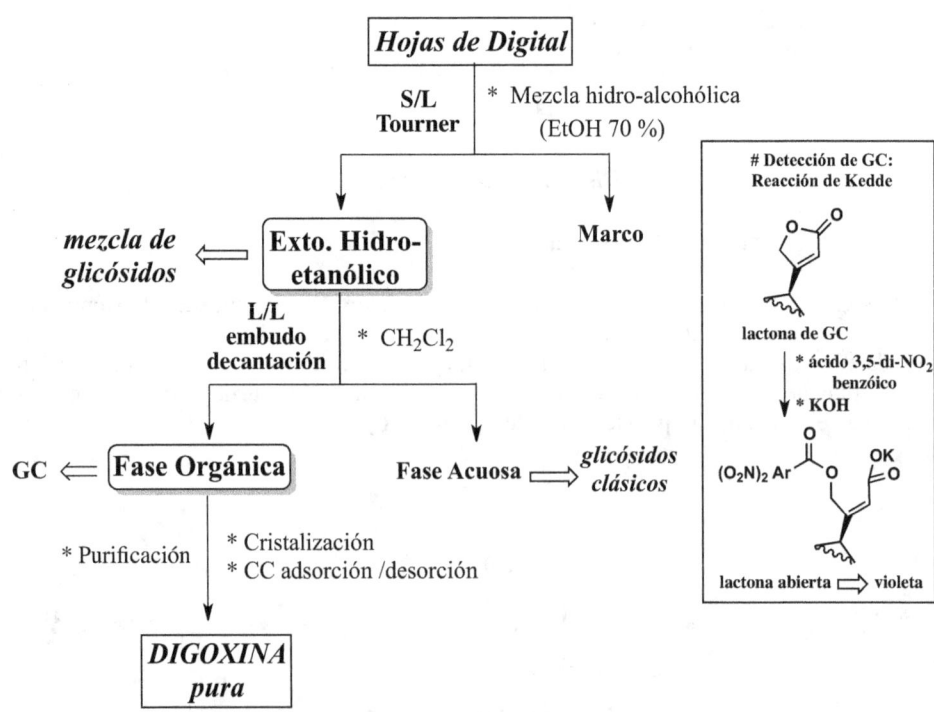

Aislamiento a partir de la MP natural

* La composición química de las hojas de Digital es compleja presentando numerosos GC con pequeñas diferencias estructurales, de ahí la dificultad a la hora de purificarlos (0.5 % en GC).

Extracción de GC de hojas de Digital

* A parte de los GC presentes en las Digales, **digoxina**, **digitoxina**, **lanatósido**, **purpureaglucósido**, que son también los más utilizados en terapéutica, cabrían destacar otros GC presentes en especies diversas. El **escilareno**, es un bufadienólido (con δ-lactona) que se aísla en el bulbo de Escila, *Uginea marítima*, Liliaceae. En las semillas de Estrofanto, *Strophanthus* sp., Apocynaceae, se encuentra la **ouabaína**, que presenta una estructura polihidroxilada, utilizando en casos agudos de ICC. En las hojas de Adelfa, *Nerium oleander*, Apocynaceae, la **oleandrina** es el GC principal.

RMN de glicósidos cardiotónicos y desoxiazúcares

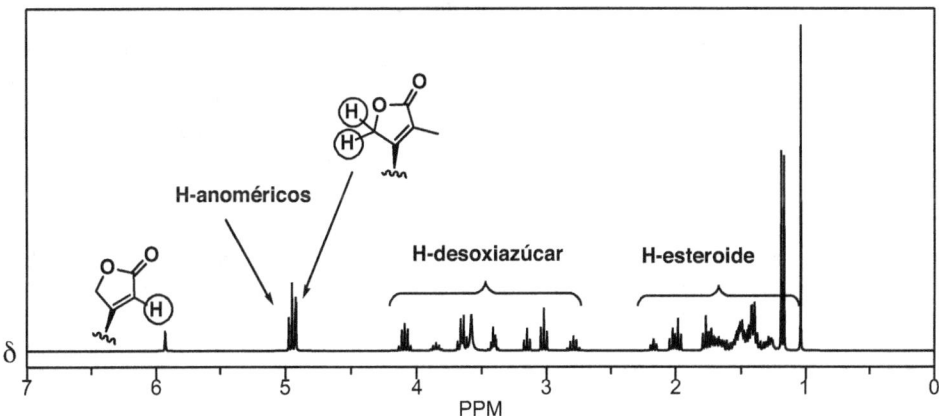

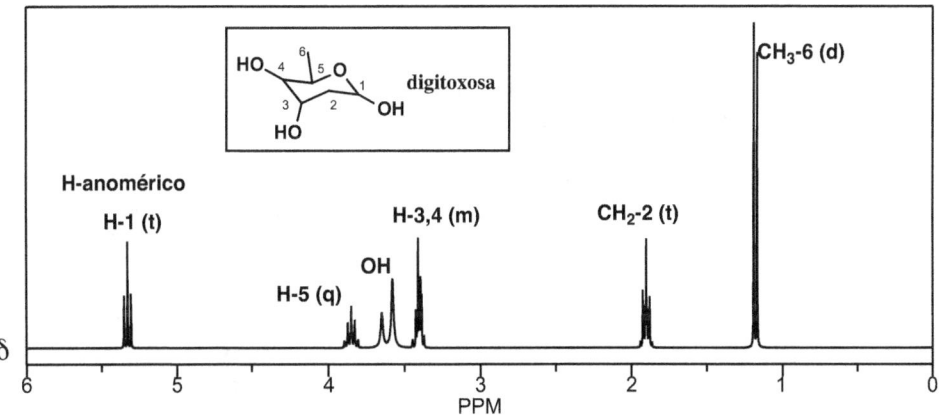

Mecanismo de acción

* En la ICC se produce un flujo cardiaco insuficiente para asegurar las necesidades de oxígeno del organismo. El corazón es incapaz de mantener un volumen minuto (caudal) adecuado en relación con el retorno venoso. Como consecuencia, se produce fatiga y disminución de la tolerancia al ejercicio. La sangre que no puede ser expulsada durante la "sístole" se acumula dando lugar a una congestión pulmonar: disnea y edema pulmonar.

* Los GC inhiben de forma específica la enzima ATPasa dependiente de Na^+/K^+ en los miocitos cardiacos. El bloqueo de la enzima, produce un aumento de la concentración intracelular de Na^+, activación del intercambiador Na^+- Ca^{++} (intercambia 3 Na^+ por un ión Ca^{++}), incremento de la entrada de Ca^{++}, de las interacciones actina-miosina y de la contractilidad cardiaca.

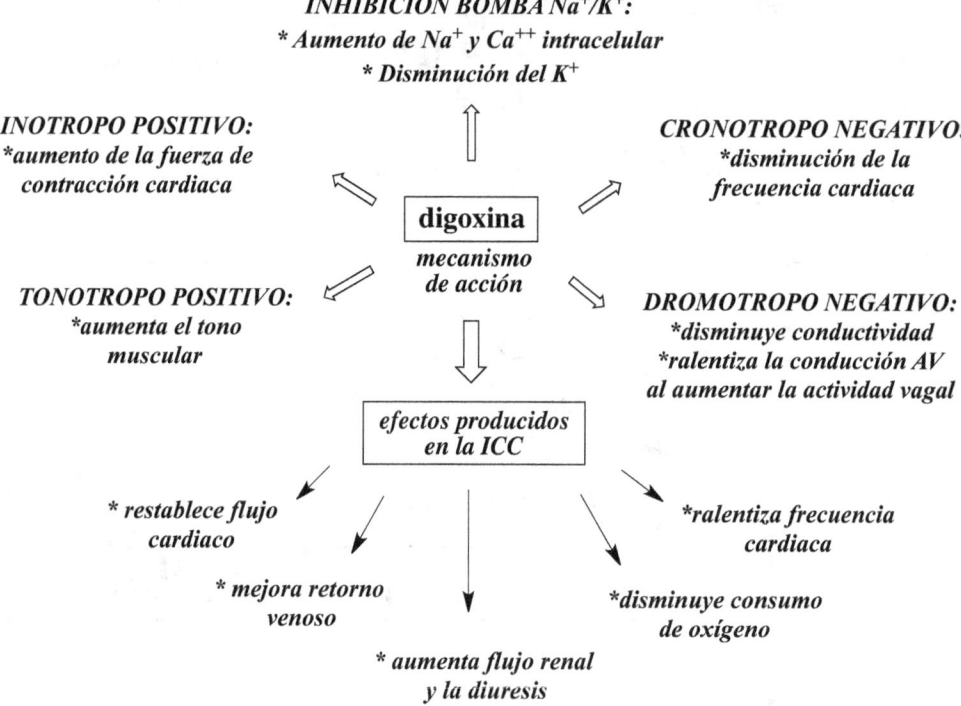

INHIBICIÓN BOMBA Na^+/K^+:
* Aumento de Na^+ y Ca^{++} intracelular
* Disminución del K^+

INOTROPO POSITIVO:
*aumento de la fuerza de contracción cardiaca

CRONOTROPO NEGATIVO:
*disminución de la frecuencia cardiaca

digoxina

mecanismo de acción

TONOTROPO POSITIVO:
*aumenta el tono muscular

DROMOTROPO NEGATIVO:
*disminuye conductividad
*ralentiza la conducción AV al aumentar la actividad vagal

efectos producidos en la ICC

* restablece flujo cardiaco

*ralentiza frecuencia cardiaca

* mejora retorno venoso

*disminuye consumo de oxígeno

* aumenta flujo renal y la diuresis

Aplicación terapéutica

* La **digoxina** se utiliza en la actualidad como antiarrítmico, para ralentizar la respuesta ventricular rápida en la fibrilación auricular y en la taquicardia supraventricular.

* En la ICC, la **digoxina** es un fármaco de segunda línea, tras diuréticos e IECA (inhibición de la enzima convertidora de angiotensina I). Los GC presentan un índice terapéutico estrecho y efecto inotropo limitado. Hoy día se utilizan principalmente en casos "crónicos".

Farmacocinética

* La porción de desoxiazúcares de los GC es indispensable para vehicular la molécula al lugar de acción. Mínimas diferencias de polaridad repercuten en la biodisponibilidad de estos **MSA**.

digoxina
(2 OH libres)

Hojas de Digital
(*Digitalis lanata*, Plantaginaceae)

digitoxina
(1 OH libre)

* Vía oral e IV: eliminación **RÁPIDA**
* *En ICC crónica y antiarrítmico*

* Vía oral: eliminación **LENTA**
* *Se acumula = TÓXICO*

desacetil lanatósido C
(2 OH libres)

Hojas de Digital
(*Digitalis lanata*, Plantaginaceae)

* Vía IV: eliminación **MUY RÁPIDA**
* *En ICC aguda*

ouabaína
(5 OH libres)

Semillas de Estrofanto
(*Strophanthus kombe*, Apocynaceae)

* Vía IV: eliminación **MUY RÁPIDA**
* *En ICC aguda*

MSA antiarrítmicos quinoleínicos

* La **quinidina** es un antiarrítmico, que al igual que el antipalúdico **quinina**, se extrae de las cortezas de Quina **[véase Capítulo 15]**. Se trata de un antifibrilante de clase I, estabilizante de membrana. Hace que las células cardíacas sean menos excitables, deprime la contratilidad y disminuye la velocidad de conducción auricular e intraventricular.

* Indicaciones terapéuticas. En arritmias supraventriculares y ventriculares, por vía oral. También en la prevención de taquicardias supraventriculares paroxísticas y en extrasístoles.

quinidina
(8R,9S)

* Medicamentos. **Digoxina: Digoxina Kern Pharma®** (Kern Pharma), **Digoxina Teofarma®** (Teofarma), **Lanacordin Pediátrico®** (Kern Pharma), entre otros. **Quinidina: Longachin®** (Pharma Internati)

3.- Esteroides y triterpenos en la síntesis de corticoides y hormonas esteroídicas

* La dificultad en la síntesis de corticoides y hormonas esteroídicas, llevaron a la utilización de esteoides y triterpenos abundantes en fuentes naturales, por simple transformación de la cadena lateral en posición 17. La **hecogenina**, aislada de *Agave sisalana*, Agavaceae, y la **diosgenina** extraída de especies de *Dioscorea*, Dioscoreaceae, fueron las primeras utilizadas por Marker en los años 40.

degradación de Marker O_2

hecogenina   pregnadiona   hidrocortisona (cortisol)

* Los fitosteroles, abundantes en aceites vegetales, como el **estigmasterol**, también son utilizados con el mismo fin, eliminando la cadena lateral en 17 y acondicionando la estructura a las de interés en terapéutica.

O_2 O_2

estigmasterol   progesterona

Capítulo 7.-

MSA que actúan en el Aparato Digestivo

Capítulo 7.-   *MSA que actúan en el Aparato Digestivo*

1- Laxantes estimulantes. Antracenósidos
2- Laxantes mecánicos. Poliholósidos heterogéneos
  2.1- Poliholósidos de Algas
  2.2- Poliholósidos de Plantas. Gomas, mucílagos y pectinas
3- Coleréticos y colagogos. MSA protectores hepáticos
  y digestivos

1.- Laxantes estimulantes. Antracenósidos

* Los <u>laxantes estimulantes</u> actúan aumentando la secreción de electrolitos y agua por la mucosa intestinal, así como el peristaltismo a través de la estimulación de nervios entéricos. Las principales causas que dificultan el tránsito intestinal son, la ingestión de grasas saturadas y proteínas animales, el sedentarismo, el estrés y la ansiedad. Las que lo favorecen, la ingestión de frutas con piel, legumbres, verduras, hortalizas, pan integral y el ejercicio físico.

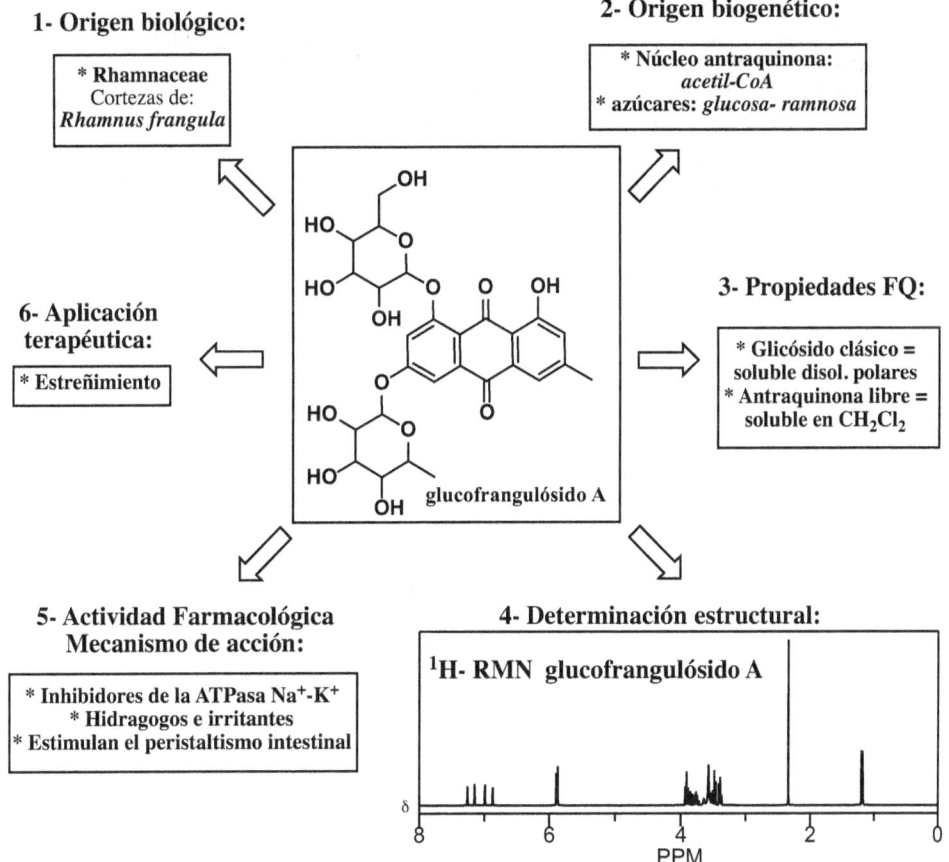

1- Origen biológico:

> * **Rhamnaceae**
> Cortezas de:
> *Rhamnus frangula*

2- Origen biogenético:

> * **Núcleo antraquinona:**
> *acetil-CoA*
> * **azúcares:** *glucosa- ramnosa*

6- Aplicación terapéutica:

> * **Estreñimiento**

3- Propiedades FQ:

> * **Glicósido clásico =**
> **soluble disol. polares**
> * **Antraquinona libre =**
> **soluble en** CH_2Cl_2

glucofrangulósido A

5- Actividad Farmacológica Mecanismo de acción:

> * **Inhibidores de la ATPasa** Na^+-K^+
> * **Hidragogos e irritantes**
> * **Estimulan el peristaltismo intestinal**

4- Determinación estructural:

^{1}H- RMN glucofrangulósido A

PPM

Glucofrangulósido A: "cabeza de serie" de antracenósidos

* Pocas son las especies botánicas que contienen este original grupo de compuestos. Las **MP** fuente industrial de antracenósidos laxantes son, las hoja de Sen, *Cassia angustifolia, C. senna*, Fabaceae, así como las cortezas de dos Rhamnaceae, Frángula, *Rhamnus frangula* y Cáscara sagrada, *Rhamnus pursihanus*.

* Los principales **MSA** laxantes estimulantes son los antracenósidos. Presentan un esqueleto antracénico oxidado, polihidroxilado y diglicosilado. Son metabolitos que se biosintetizan por condensación cíclica de ocho unidades de **acetil-CoA** o **malonil-CoA** [véase **Capítulo 3, apdo 2.4**].

Estructura química. Aislamiento

* Los antracenósidos pueden permanecer en la planta fresca en forma de antrona (posición 10 reducida), pero durante los procesos de desecación y extracción, las antronas se oxidan por el O_2 del aire, dando lugar a las antraquinona (*TIPO 1*). En algunas **MP** la posición 10 de las antronas, no está libre, sino dimerizada (*TIPO 2*) o glicosilada (*TIPO 3*). En las cortezas de Rhamnaceae se obtienen antracenósidos de *TIPO 1* (**glucofrangulósido A**) y de *TIPO 3* (**cascarósidos**), mientras que en las hojas de Sen se encuentran sobre todo dímeros de antronas (*TIPO 2*) (**senósidos**).

* Al tratarse de glicósidos disacáridos, se extraen con disolventes polares: mezclas hidroalcohólicas o agua a reflujo. La detección y la valoración se realiza mediante la reacción de Bornträger (solución acuosa de KOH), que detecta sólo formas oxidadas (antraquinonas no glicosídicas). Se trata de una reacción fenol-fenato.

antraquinona, glicosilada
(planta desecada)
TIPO 1

antrona
(planta fresca)

dimerización

antrona, C-glicosilada
TIPO 3

diantrona, glicosilada
TIPO 2

RMN de antracenósidos

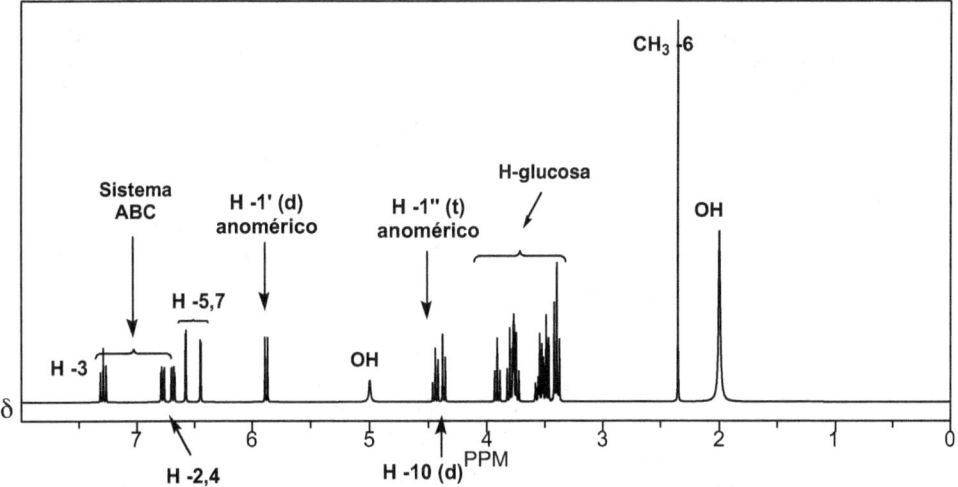

antracenósido

Propiedades farmacológicas. Aplicaciones terapéuticas

* Los antracenósidos utilizados en terapéutica poseen dos unidades de **glucosa**, imprescindibles para vehicular a la molécula al lugar de acción ("prodrogas").

* Actúan a nivel de colon, ocho horas después de su administración por vía oral. No se absorben ni en el estómago ni en el intestino, debido a la hidrofilia que le proporciona el disacárido. En el colon se hidrolizan y reducen, siendo la antrona resultante, la que actúa como laxante.

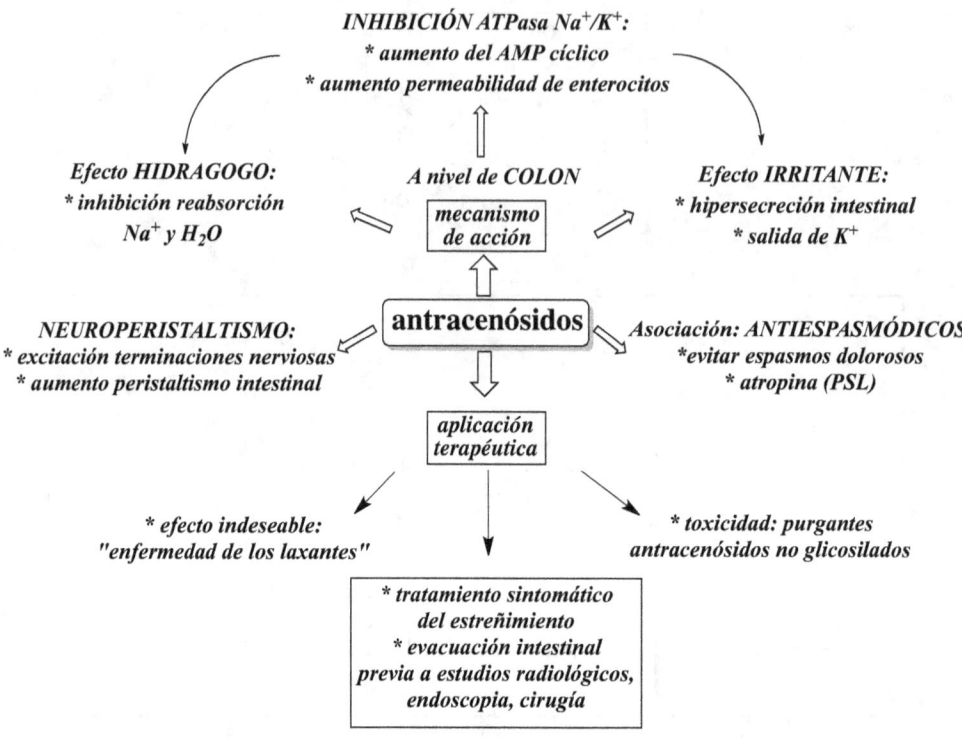

INHIBICIÓN ATPasa Na$^+$/K$^+$:
* aumento del AMP cíclico
* aumento permeabilidad de enterocitos

Efecto HIDRAGOGO:
* inhibición reabsorción
Na$^+$ y H$_2$O

A nivel de COLON
mecanismo
de acción

Efecto IRRITANTE:
* hipersecreción intestinal
* salida de K$^+$

antracenósidos

NEUROPERISTALTISMO:
* excitación terminaciones nerviosas
* aumento peristaltismo intestinal

Asociación: ANTIESPASMÓDICOS
*evitar espasmos dolorosos
* atropina (PSL)

aplicación
terapéutica

* efecto indeseable:
"enfermedad de los laxantes"

* toxicidad: purgantes
antracenósidos no glicosilados

* tratamiento sintomático
del estreñimiento
* evacuación intestinal
previa a estudios radiológicos,
endoscopia, cirugía

* Medicamentos. Oral. **Senósidos A y B**: **Modane**® (Korhispana), **Puntual**® (Lainco), **Pursenid**® (GlaxoSmithK), **X-Prep**® (Meda Pharma). **Cáscara sagrada**: **Cáscara Sagrada**® (Arkopharma). **Sen**: **Bekunis**® (Diafarm), **Laxante Salud**® (Puerto Galiano), **Neholis**® (Pharmadus), entre otros.

2.- Laxantes mecánicos. Poliholósidos heterogéneos

* Los <u>laxantes mecánicos</u> son coloides hidrófilos, que aumentan su volumen absorbiendo agua, con el consiguiente incremento del bolo intestinal y estimulación del peristaltismo. Los **MSA** más representativos de este grupo, son los poliholósidos heterogéneos de algas y plantas. Son los laxantes más recomendados en tratamientos prolongados. Su efecto comienza a las 12-24h. En ocasiones se utilizan como antidiarreicos, ya que forman geles coloidales en el intestino.

* Las propiedades gelificantes de los poliholósidos (hidro-coloides naturales), es decir, ser capaces de hincharse en contacto con el agua, dan lugar a otras aplicaciones farmacéuticas, como protectores gástricos y anorexígenos, pero sobre todo en la industria agroalimentaria: gelificantes, estabilizantes de emulsiones y espesantes.

2.1.- Poliholósidos de Algas

* **Acido algínico** y **alginatos** se obtienen en un porcentaje del 15 al 40 % a partir de algas pardas, Phaeophyceae. Las principales **MP**: Laminarias, *Laminaria digitata*, Laminariaceae, y Fucus, *Fucus serratus* y *F. vesiculosus*, Fucaceae. Son frecuentes en los mares fríos del hemisferio norte, en el canal de la Mancha, y en las costas de Normandía y Bretaña.

* Los **carragenanos** se obtienen en las algas rojas o Rhodophyceae, principalmente de la especie *Chondrus crispus* en Canadá. También en especies del género *Eucheuma* en Dinamarca y Estados Unidos.

* La estructura del **ácido algínico** está formada por unidades de ácidos urónicos (entre cien y mil), de ácido ***D*-manurónico** y ácido ***L*-gulurónico**, en proporciones variables, y uniones β1-4. Pueden llegar a tener un peso molecular de doscientos mil g/mol. Los **carragenanos** lo forman unidades de **galactosa** y de **3,6-anhidrogalactosa** en uniones β1-4 y β1-3, con un alto porcentaje de restos sulfatos.

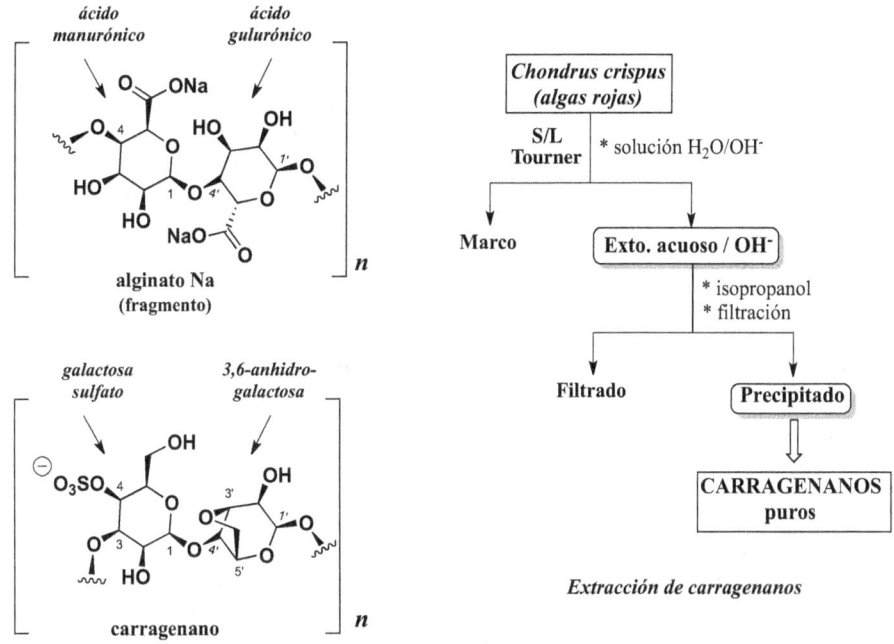

Extracción de carragenanos

* La extracción de los poliholósidos de las algas se realiza con agua alcalina, ya que tiene carácter ácido, y algunos son insolubles en agua, como es el caso del **ácido algínico [véase Capítulo 2, Ejercicio 4]**.

* Al tratarse de macromoléculas, la purificación se realiza por precipitación, formando una sal insoluble (**alginato Ca**) o añadiendo un disolvente miscible con el agua, en el que los poliholósidos son totalmente insolubles: MeOH, EtOH o acetona (**carragenanos**).

* <u>Indicaciones terapéuticas</u>: protectores gástricos, laxantes mecánicos y anorexígenos (saciantes).

2.2.- Poliholósidos de Plantas. Gomas, mucílagos y pectinas

* Gomas y mucílagos, son poliholósidos heterogéneos vegetales de alto peso molecular (algunos de cerca de un millón g/mol), formado por unidades de osas simples y ácidos urónicos. Las gomas pueden considerarse como exudados patológicos. Ciertos vegetales los biosintetizan en grandes cantidades como respuesta a una agresión. Tienen por tanto una clara función defensiva y de retención acuosa. Los mucílagos son sustancias que retienen el agua, indispensable para la vida de la planta y la geminación de las semillas.

* Las principales gomas aparecen en árboles y arbustos, Goma Arábiga, *Acacia senegal*, Mimosaceae; Goma Sterculia, *Sterculea urens*, Malvaceae; y Goma Adragante, *Astragalus gummifer*, Fabacea. Los mucílagos se dan sobre todo en especies de Plantaginaceae, semillas de *Plantago ovata* (Ispagula) y *P. psyllium*, y de Malvaceae, hojas y flores de *Malva sylvestris* y *Althoea officinalis*.

* Las pectinas, son constituyentes de las paredes celulares de ciertos frutos del genero *Citrus*, Rutaceae (naranja, limón y pomelo), y del genero *Pyrus*, Rosaceae (manzana).

* La <u>indicación terapéutica</u> principal de los poliholólsidos heterogéneos de origen vegetal, es la de tratamiento sintomático del estreñimiento. Las <u>fibras alimentarias</u> tienen una importancia crucial en la regulación del tránsito intestinal: se trata de *componentes vegetales resistentes a la digestión por los enzimas endógenos del tracto digestivo humano*. Está demostrado que un aumento del consumo de fibras alimentarias y una disminución del consumo de grasas y proteínas animales, disminuye el riesgo de cáncer colorrectal. Además el consumo diario de fibras solubles, disminuye la colesterolemia.

* <u>Medicamentos laxantes mecánicos y anorexígenos</u>. **Poliholósidos de algas: Fucus**® (Arkopharma). **Poliholósidos vegetales**: **Cenat**® (Meda Pharma), **Metamucil**® (Procter Gamble), **Plantaben**® (Meda Pharma), **Plantago ovata Cinfa**® (Cinfa), **Plantax**® (Cinfa). **Salvado de trigo** (fórmula magistral).

* <u>Asociación</u> **antracenósidos + poliholósidos heterogéneos**: **Fave de Fuca**® (Uriach-Aquilea), **Favilax**® (Cinfa), **Laxadina Plantago / Frángula**® (Esteve), **LinoMed**® (Bioforce). **Folículos de Sen** (**antracenósidos**) + *Plantago ovata* (**mucílagos**): **Agiolax**® (Meda Pharma).

* <u>Mucílagos Antidiabéticos</u>. Algunos mucílagos, fibras solubles, se utilizan como antidiabéticos basándose en la ralentización de la absorción de hidratos de carbono que producen. Se administran con los nutrientes. La denominada **Goma Guar**, son mucílagos neutros (galactomanosa) provenientes del albumen de las semillas de *Cyamopsis tetragonolobus*, Fabacae: **Fibraguar**® (Fardi).

3.- Coleréticos y colagogos. MSA protectores hepáticos y digestivos

* Los <u>colagogos</u> son sustancias que estimulan la expulsión de bilis mediante la relajación del esfínter de Oddi o el incremento de la contracción vesicular. Los <u>coleréticos</u> aumentan la producción de bilis. Los **MSA** con estas propiedades se utilizan en dispepsias (pesadez digestiva) y problemas de secreción biliar.

boldina   protopina   cinarina

* En ciertas **MP** con propiedades colagogas y coleréticas, los **MSA** responsables de la actividad son alcaloides derivados de la **tirosina [véase Capítulo 4, apdo 2]**, como en la partes aéreas de *Fumaria officinalis*, Fumariaceae, cuyo **MSA** es la **protopina**, o en la hojas de Boldo, *Peumus boldus*, Monimiaceae, siendo la **boldina** (**aporfina**) el componente principal. Sin embargo, en las hojas de Alcachofa, *Cynara scolymus*, Asteraceae, el **MSA** es un derivado del **ácido cinámico**, **cinarina** (ácido 1,3-dicafeilquínico).

* El alcaloide **boldina [véase Capítulo 13, apdo 3.3]**, presenta también propiedades antioxidantes, antiinflamatorias y antiagregante plaquetario. La actividad colerética del Boldo no se debe únicamente a la **boldina**, sino también a su contenido en flavonoides.

* Cabe destacar así mismo las propiedades digestivas y colagogas de ciertos **MSA** presentes en condimentos alimenticios, como por ejemplo la **curcumina**, componente mayoritario de los rizomas de Cúrcuma, *Curcuma domestica*, Zingiberaceae, muy utilizado en países asiáticos, formando parte del curry; y el **ácido rosmarínico**, componente principal de las hojas de Romero, *Rosmarinum officinalis*, Lamiaceae.

curcumina   ácido rosmarínico

* La **curcumina** pertenece a un grupo poco frecuente de **MSA** denominados curcuminoides o 1,7-diarilhepta-1,6-dieno-3,5-dionas. Como la **cinarina**, la **curcumina** deriva biogenéticamente del **ácido shikímico**. Estimula la secreción biliar y es hepatoprotectora. Pero además muestra importantes propiedades antiinflamatorias y antioxidates, inhibiendo las enzimas de la cascada del **ácido araquidónico**: ciclooxigenasa y lipooxigenasa. Así mismo, se ha podido observar su capacidad como inductor apoptótico de células tumorales, inhibiendo el citocromo P450, así como presentar propiedades inmunomoduladoras y antiangiogénicas.

* <u>Medicamentos colagogos</u>. **Protopina: Fumaria®** (Arkopharma). **Cinarina: Alcachofa®** (Arkopharma). **Boldina: Boldo®** (Arkopharma).

Capítulo 8.-

MSA Hemostáticos y Sustitutivos del Plasma

Capítulo 8.- *MSA Hemostáticos y Sustitutivos del Plasma*

1- Anticoagulantes y antitrombóticos. Heparinas
2- Anticoagulantes orales antagonistas de la Vitamina K
3- Sustitutivos del plasma. Dextranos

1.- Anticoagulantes y antitrombóticos. Heparinas

* La **heparina no fraccionada** (HNF) en un poliholósido heterogéneo, glucosaminoglicano sulfatado (mucopolisacárido), obtenido a partir de la mucosa intestinal de cerdo o del pulmón de bovino. Se administra intravenoso como sal sódica, y por via subcutánea como sal cálcica. Actúa acelerando la velocidad de desactivación de algunos factores de la coagulación, trombina (factor IIa) y el factor Xa, por parte de la antitrombina III (ANT III).

Extracción industrial

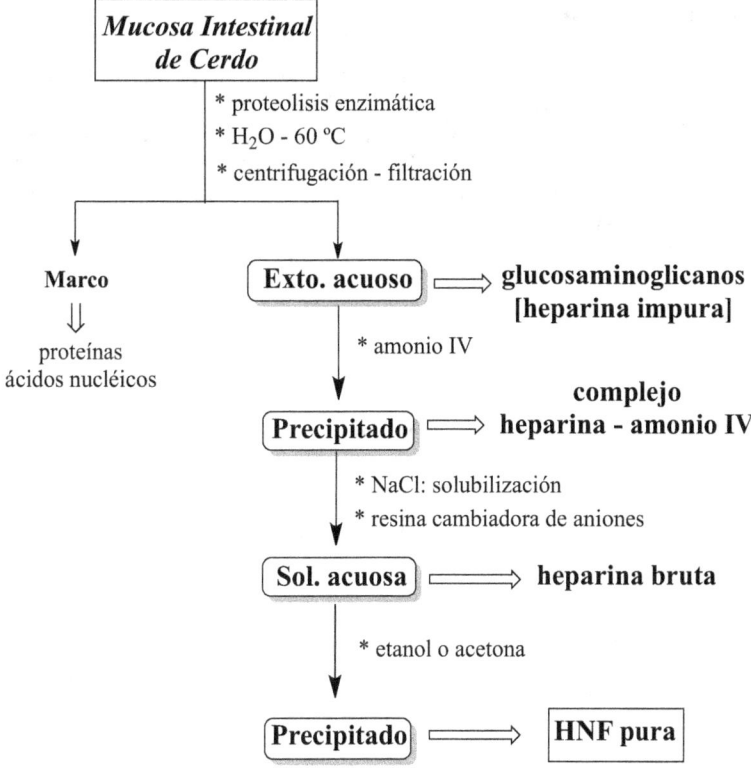

Extracción industrial de HNF

Estructura química

* La **heparina** fue descubierta por McLean en 1916. Su estructura la componen dos ácidos urónicos 5-epímeros, **glucurónico** e **idurónico**, así como la **2-glucosamina**, todos ellos irregularmente sulfatados en las posiciones 2, 3 y 6.

* Choay en 1980 pudo determinar que un pentasacárido irregular polisulfatado, era el lugar de fijación de la **HNF** con la antitrombina III. La **HNF** tienen un peso molecular cercano a 40.000 g/mol, mientras que las fraccionadas o **heparinas de bajo peso molecular (HBPM)**, obtenidas por hidrólisis parcial ácida o enzimática a partir de las primeras, lo tienen ente 4.000 y 6.000 g/mol.

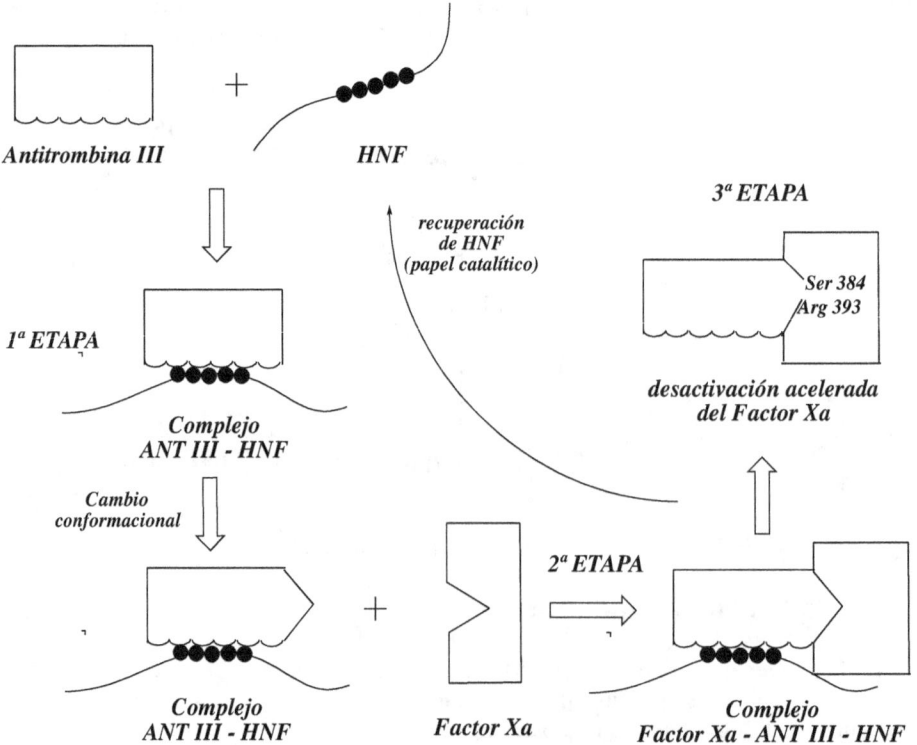

Mecanismo de acción

* En presencia de las **HNF**, la cinética de desactivación de las serinas proteasas (factores de la coagulación) por medio de la ANT III, es mil veces más rápida. La **HNF** se fija al residuo **lisina** de la ANT III, modificando la conformación espacial de la glucoproteína. De esa forma, el "lugar reactivo" de la ANT III queda más expuesto. Es decir, el residuo **arginina** queda ahora más asequible al residuo **serina** de las proteasas, por lo que se acelera su desactivación. La **HNF** actúa como catalizador.

Etapas de la desactivación de las serinas proteasas

* Los factores de la coagulación más sensibles a la acción de las **HNF** son el IIa o trombina, anticoagulante (inhibición de la fibrinoformación), y el Xa o factor Stuart, antitrombótico (inhibición de la trombinoformación). Las **HBPM** son sensibles únicamente al Xa, por lo que son antitrombóticas.

Indicaciones terapéuticas

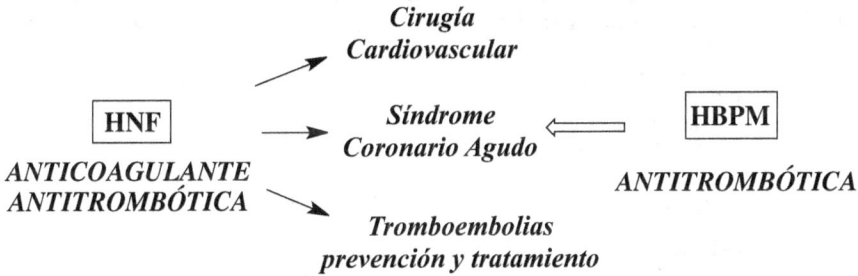

Medicamentos. Intravenosa. **HNF: Heparina Sodica Hospira**® (Hospira), **Heparina Sodica Sala**® (Ramón Sala). **HBPM: Hepadren**® (Rovi), **Hibor**® (Rovi), **Fragmin**® (Pfizer), **Clexane**® (Sanofi-Aventis), **Fraxiparina**® (Aspen Pharma), **Innohep**® (Leo Pharma).

2.- Anticoagulantes orales antagonistas de la Vitamina K

* El primer anticoagulante oral, el **dicumarol**, se descubrió en 1940 en el Trébol dulce, *Melilotus officinalis*, Fabaceae, después de su fermentación por contaminación fúngica, dando lugar a hemorragias mortales en la ganadería. Desde entonces el **dicumarol** se utilizó como raticida. Se trata de una **cumarina** dímera, derivada biogenéticamente del **ácido 2-OH-cinámico [véase Capítulo 3, apdo 3.5]**.

| dicumarol | warfarina | acenocumarol |

* Para evitar los efectos secundarios del **dicumarol**, se sintetizaron análogos estructurales, **warfarina** y **acenocumarol**, que son los que se utilizan hoy día como anticoagulantes orales. Antagonizan la **Vitamina K [véase Capítulo 3, apdo 4.4]**, que es indispensable en la activación de los factores de coagulación: II, VII, IX y X.

* *Medicamentos*. Oral. **Acenocumarol: Sintrom**® (Rovi). **Warfarina: Aldocumar**® (Aldo Unió).

3.- Sustitutivos del plasma. Dextranos

* Los dextranos son poliholósidos homogéneos de origen bacteriano. Se elaboran a partir de enzimas exocelulares de la bacteria *Leuconostoc mesenteroides*, que es capaz de polimerizar la **α-glucopiranosa**, a partir de un medio de cultivo rico en **sacarosa**. El 95 % de los enlaces son α1-6, hay sólo un 5 % de α1-3. El polímero resultante es soluble en agua y precipita con etanol, solvente en el que el dextrano es totalmente insoluble. Una hidrólisis parcial en medio ácido da lugar al **dextrano medicinal**, con un peso molecular entre 40 y 70 mil g/mol.

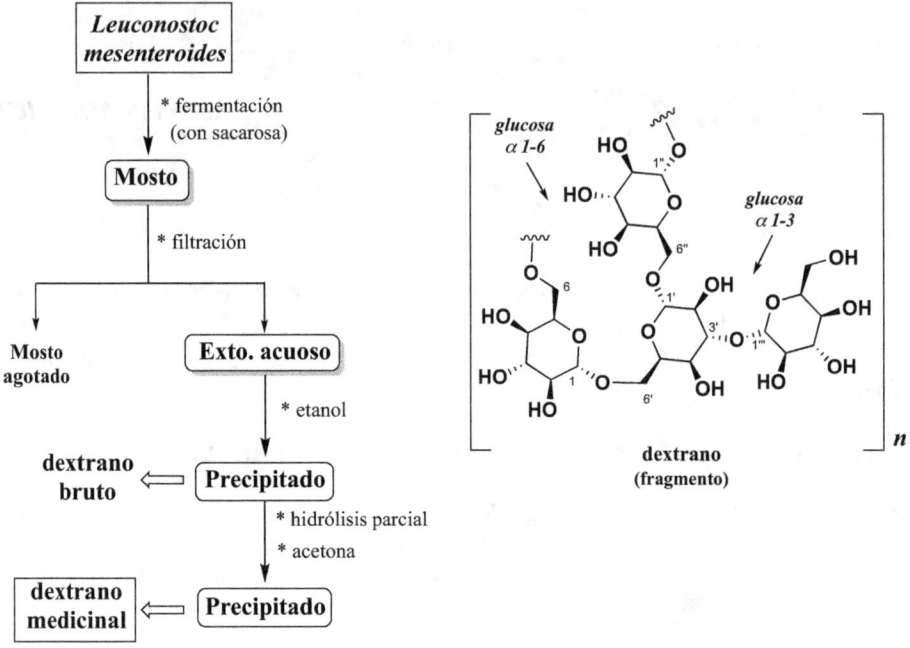

Dextrano: extracción y estructura química

* Indicaciones terapéuticas. El **dextrano medicinal** mimetiza al plasma sanguíneo. Se administra por vía intravenosa (perfusión). Tiene un efecto coloide osmótico necesario para asegurar el volumen plasmático adecuado. Su función es la de restituir temporalmente la volemia.

* Propiedades: Viscosidad y presión coloideosmótica similares a las del plasma. Eliminación por excreción. Permanecen el tiempo suficiente en el plasma. No produce reacciones alérgicas. Resiste la esterilización.

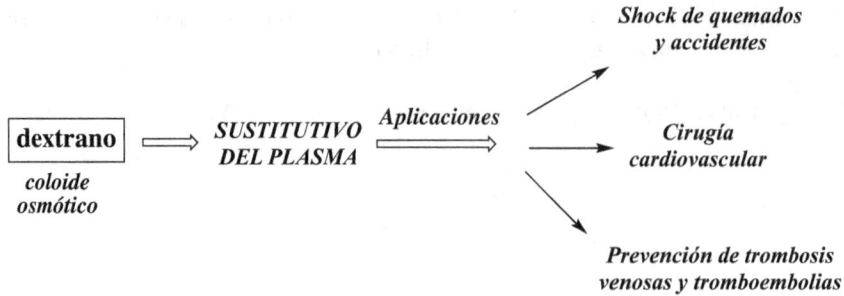

* Medicamento. Perfusión. **Dextrano 40**: **Rheomacrodex**® (Fresenius Kabi).

Capítulo 9.-

MSA Modificadores del Metabolismo

Capítulo 9.- *MSA Modificadores del Metabolismo*

1.- Hipolipemiantes. Estatinas

* Las estatinas (EST) son inhibidores de la enzima hidroximetilglutaril-CoA reductasa, enzima limitante en la síntesis del **colesterol**, bloqueando el acceso del sustrato natural, **hidroximetilglutaril-CoA (HMG-CoA)** al sitio activo de la enzima. Su acción principal es la reducción del LDL-colesterol (lipoproteínas de baja densidad), las encargadas de trasportar la mayor parte del **colesterol**, y las más aterogénicas. Además, incrementan ligeramente el HDL-colesterol (lipoproteínas de alta densidad), las que tienen como función eliminar el **colesterol**, serán por tanto cardioprotectoras. Las EST también disminuyen los niveles de triglicéridos.

Estructura química

* Las EST son **MSA** lipófilos biosintetizados por condensación de nueve unidades de **acetil-CoA [véase Capítulo 3, apdo 2.4]**, en diversas especies de hongos. En 1976 Endo y Kuruda descubrieron la primera EST, **mevastatina**, a partir de *Penicillium citrinum*. A continuación se aisló **lovastatina** de *Aspergillus terreus*, que fue la primera comercializada en 1987. **Pravastatina** se obtuvo mediante hidroxilación microbiológica a partir de **mevastatina**, utilizando la bacteria *Nocardia autotrophica*. Años más tarde se sintetizaron **fluvastatina**, y la más utilizada, **atorvastatina**, que presentan esqueletos químicos muy alejados de las EST, pero conservando el farmacóforo (3,5-dihidroxiheptanóico) **[véanse Apéndices 1 y 2, Ejercicio 9]**.

mevastatina   lovastatina   lovastatina - hidroxiácido (forma activa)

pravastatina   atorvastatina

Mecanismo de acción

* Las EST se administran preferentemente antes de acostarse, ya que la actividad de la enzima HMG-CoA reductasa es superior durante la noche. La disminución de la síntesis endógena de **colesterol** provocada por las EST, induce a un aumento de la enzima HMG-CoA reductasa, pero sobre todo a un aumento de los receptores hepáticos de los LDL (hecho ratificado por el aumento del RNA mensajero correspondiente). La consecuencia, es una mayor captación hepática de las LDL, y por consiguiente una concentración plasmática de **colesterol** disminuida.

* De esta forma se puede producir una disminución dosis-dependiente de LDL-colesterol del 20 al 50 %, y una disminución de triglicéridos del 15 al 30 %.

* Administradas en forma lactónica ("prodroga"), las EST en el hígado pasan a forma hidroxi-ácido (3R,5R-di-OH-heptanóico) o forma activa, que es la que mimetiza al sustrato natural, **HMG-CoA**. La enzima que reduce a dicho sustrato para convertirlo en **ácido mevalónico,** HMG-CoA reductasa, tiene 10.000 veces más afinidad por la forma activa de las EST que por el sustrato natural.

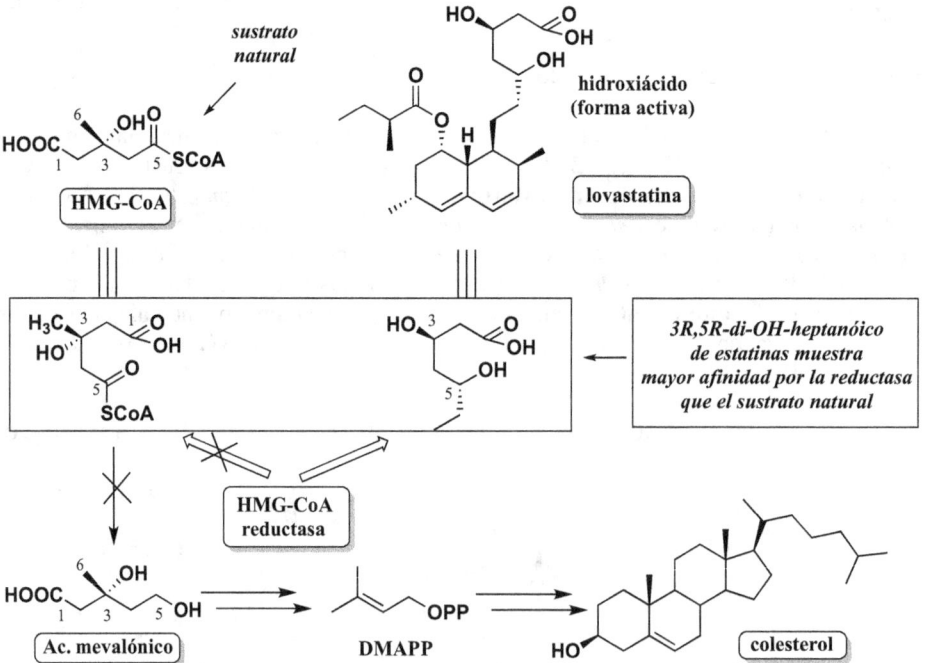

Mecanismo de acción de EST

* Indicaciones terapéuticas. Las EST disminuyen las concentraciones plasmáticas de **colesterol** y triglicéridos.   reducen la frecuencia y la gravedad de los accidentes cardiovasculares de origen ateromatoso.

* Medicamentos. Oral. **Lovastatina**: **Colesvir**® (Vir), **Lovastatina**® (Bexal), **Nergadan**® (Vifor Pharma), **Taucor**® (Sigma-Tau), entre otros. **Pravastatina**: **Bristacol**® (Juste), **Pravastatina**® (Almus), entre otros.

2.- Ácidos grasos esenciales

* El consumo de ácidos grasos esenciales (AGE), ésteres de ácidos grasos poliinsaturados (AGPI), sobre todo los omega-3 y omega-6, ha mostrado eficacia en la prevención del infarto de miocardio y de accidentes vasculares, así como en el tratamiento de hipertrigliceridemias.

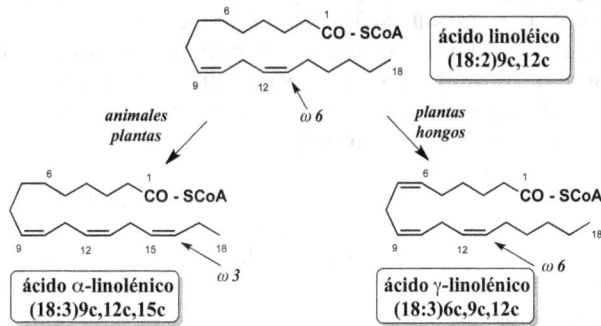

* El ácido **α-linolénico** (omega-3) y los ácidos **γ-linolénico** y **linoléico** (omega-6), no se biosintetizan en el organismo, por lo que deben incorporarse a la dieta, teniendo en cuenta su importancia fisiológica y farmacológica, además de preventiva. Son abundantes en ciertos aceites vegetales (maíz, girasol, soja, nuez), en hongos y en pescados (salmón, sardinas, atún). Se trata de **MSA** biosintetizados por condensación lineal de **acetil-CoA [véase Capítulo 3, apdo 2.2]**.

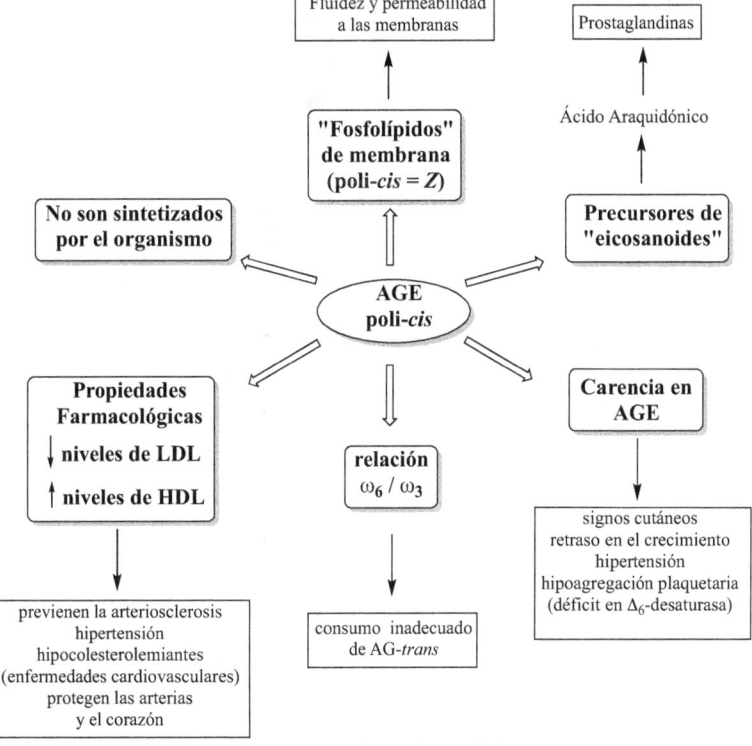

Importancia de los AGE

* <u>Medicamentos</u>. Oral. **Ácidos Omega 3** ® (Aristo Pharma), **Ácidos Omega 3**® (Cinfa), **Omacor**® (Ferrer Intern), entre otros.

3.- MSA antiobesidad

* Existen muy pocos fármacos capaces de disminuir la obesidad. La importancia de mantener hábitos saludables, se impone a cualquier terapia farmacológica. No obstante hoy día se utilizan con cierto éxito, inhibidores del depósito de grasa, como el **orlistat**, y anorexígenos de acción central (no anfetamínicos) a base de asociación entre antagonistas opiáceos e inhibidores de la recaptación de dopamina: **naltrexona + bupropión [véanse Capítulo 12, apdo 3, y Capítulo 10, apdo 2.6]**. El efecto saciante de los poliholósidos heterogéneos obtenidos a partir de algas, también se utiliza para tratar la obesidad, como quedó dicho anteriormente **[véase Capítulo 7, apdo 2.1]**.

* **Orlistat**, es un inhibidor de lipasas pancreáticas. Reduce la absorción intestinal de los lípidos alimenticios. Se utiliza como coadyuvante de dieta hipocalórica en la terapia de la obesidad. La estructura de **orlistat** deriva del **MSA lipstatin**, poliacetato aislado de *Streptomyces toxytricini*. **Lipstatin** se biosintetiza por condensación de Claisen entre los **ácidos 5,8-tetradecadienóico** y **octanóico**. La formación de una inusual β-lactona, la incorporación del aminoácido **leucina** y la *N*-formilación final, dan lugar a un original **MSA**, cuyo derivado tetrahidrogenado conduce a **orlistat**.

ácido 3-OH-5,8-tetradecadienóico

ácido octanóico

reacción de Claisen

leucina

lactonización
N-formilación

lipstatin

reducción

orlistat

* <u>Medicamentos</u>. Oral. **Orlistat**® (Aurovitas), **Xenical**® (Roche Farma), **Alli**® (GlaxoSmithK), **Orliloss**® (Sandoz), entre otros.

4.- Reguladores de la glucemia: Insulina

* La **insulina** (**INS**) es una hormona hipoglucemiante de origen pancreático, secretada por las células β de los islotes de Langerhans, utilizada en la diabetes mellitus. Se obtiene de forma clásica a partir de páncreas de bovinos y cerdos, o mediante ingeniería genética. Se trata de un polipéptido constituido por 51 aminoácidos, separados en dos cadenas, unidas por tres puentes disulfuro entre unidades de **cisteína**.

Cadena A:

Gly—Ile—Val—Glu—Gln—Cys-Cys-Thr-Ser—Ile—Cys—Ser—Leu—Tyr—Gln—Leu—Glu-Asn—Tyr—Cys—Asn
1   8   10   21

Cadena B:

Phe—Val—Asn·Gln—His—Leu—Cys-Gly-Ser—His—Leu—Val—Glu—Ala—Leu-Tyr—Leu—Val—Cys—Gly—Glu
1
                                                                Arg
                       Thr—Lys—Pro—Thr—Tyr—Phe— Phe—Gly
                       30

Estructura polipeptídica de la INS
[la humana y la animal se diferencian en los aa de las posiciones 8, 10 cadena A y 30 cadena B]

* La **INS** animal es una molécula frágil (debida a los puentes disulfuro), soluble en agua (insoluble a pH ligeramente ácido: pH 4.5 - 6.8) e insoluble en alcohol.

* La **INS** humana recombinante fue comercializada por Lilly en 1982. Se sintetizó en *Escherichia coli* fusionando las dos cadenas mediante los puentes disulfuro. Actualmente se preparan **INS** de acción rápida o de acción prolongada.

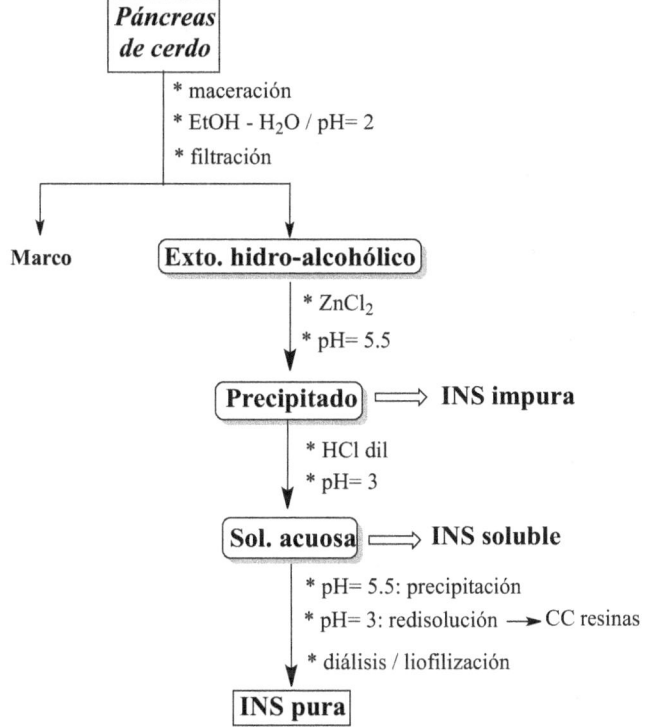

Extracción industrial de la INS de origen animal

* La **INS** provoca un descenso de la glucemia, ya que en las células diana una de las acciones que desencadena tras su unión a los receptores es la entrada de **glucosa** hacia el interior de la célula, por ello es de obligada administración en pacientes con diabetes mellitus tipo 1 para impedir que aparezca hiperglucemia. También en la de tipo 2 en situaciones particulares.

* Medicamentos. Subcutánea (inactiva por vía oral). **Insulina**: **NovoRapid®** (Novo Nordisk), **Humulina Regular®** (Lilly), **Actrapid®** (Novo Nordisk), entre otros.

5.- Vitamina D₃ o colecalciferol

* El **colecalciferol** o **Vitamina D₃**, y sus derivados hidroxilados, pertenecen al grupo de la Vitamina D. Son **MSA** liposolubles que tienen un papel fundamental en el metabolismo fosfocálcico. Se extrae abundante en productos lácteos y en el hígado de peces.

* La principal acción es la **Vitamina D₃**, es la de mantener niveles de Ca^{++} plasmático, a través del aumento de su absorción en el intestino, la movilización ósea y la disminución de su excreción renal.

* Los seres humanos cuentan con dos fuentes primordiales de Vitamina D:

> - **Ergocalciferol** (**D₂**) de la dieta, obtenido a partir del **ergosterol** de plantas y hongos.
> - **Colecalciferol** (**D₃**) generado en la piel a partir del **7-deshidrocolesterol** (formado a partir del **colesterol** en la pared intestinal), por acción de los rayos UV durante la exposición al sol.

Obtención de Vitamina D₃ por acción de los rayos UV

* El **colecalciferol** (**D₃**) se convierte en **calcifediol** (25-OH-D₃) en el hígado, y éste en **calcitriol** (1,25-di-OH-D₃), el más activo. Los principales efectos del **calcitriol** son la estimulación de la absorción intestinal de Ca^{++} y fosfato, y la movilización de Ca^{++} óseo.

* Indicaciones Terapéuticas: Prevención y tratamiento del déficit de **Vitamina D₃**, raquitismo, y de la osteoporosis.

* Medicamentos. Oral. **Deltius®** (Italfarmaco), **Divisun®** (Meda Pharma), **Vitamina D₃®** (Kern Pharma), **Vitamina D₃ BON®** (Doms Recordati), entre otros.

Capítulo 10.-

MSA que actúan en el Sistema Colinérgico

Capítulo 10.- *MSA que actúan en el Sistema Colinérgico*

1- La acetilcolina y los receptores colinérgicos
2- MSA que actúan sobre los receptores colinérgicos
    2.1- Parasimpaticolíticos (PSL) o anticolinérgicos: atropina y escopolamina
    2.2- Alcaloides tropánicos no colinérgicos: cocaína
    2.3- Parasimpaticomiméticos (PSM) directos: pilocarpina y arecolina
    2.4- PSM indirectos o anticolinesterásicos: galanthamina y fisostigmina
    2.5- Bloqueantes neuromusculares: tubocurarina y toxiferina
    2.6- Estimulantes ganglionares: nicotina y lobelina
    2.7- Otros alcaloides que actúan sobre el sistema colinérgico

1.- La acetilcolina y los receptores colinérgicos

* La **acetilcolina** (**ACh**) es un neurotransmisor del SN, formado por esterificación del amonio cuaternario **colina** con el **acetil-CoA**. Se degrada por la enzima acetilcolinesterasa (AChE). La **ACh** manifiesta sus propiedades mediante fijación a dos grupos de receptores: muscarínicos y nicotínicos. Los muscarínicos se sitúan en las extremidades de las fibras postganglionares, en los ganglios, así como en ciertos órganos (músculos lisos, corazón, tubo digestivo, bronquios, vejiga); los nicotínicos se localizan en las fibras preganglionares.

* La **ACh** se fija a su receptor específico a través de un enlace iónico con el grupo amonio IV y un enlace de hidrógeno con el grupo carbonilo, separados por una región plana de 5.9 A.

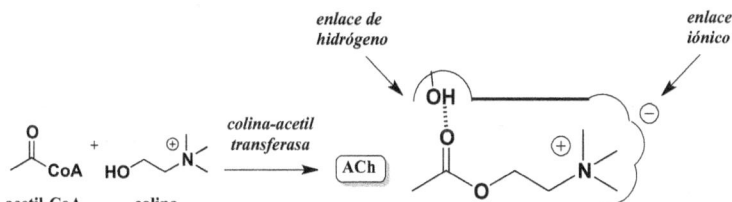

Receptor nicotínico

* Los receptores nicotínicos, forman parte de un canal iónico, son activados por la **nicotina** y bloqueados por la **tubocurarina**. Los receptores muscarínicos están asociados a proteínas G son activados por la **muscarina** e inhibidos por la **atropina**.

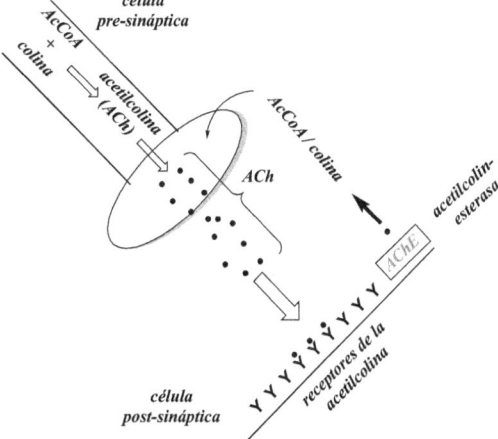

Esquema general de la sinapsis de la ACh

2.- MSA que actúan sobre los receptores colinérgicos

2.1.- Parasimpaticolíticos (PSL) o anticolinérgicos: atropina y escopolamina

* La **atropina** y la **escopolamina**, son alcaloides tropánicos PSL aislados en especies de la Familia Solanaceae. Los PSL anticolinérgicos o antimuscarínicos, actúan bloqueando los receptores muscarínicos M_1 y M_2, de los órganos donde se encuentran, mediante inhibición competitiva y reversible de la **ACh**. Provocan efectos similares a la inhibición del parasimpático (PS) o la estimulación del simpático (S).

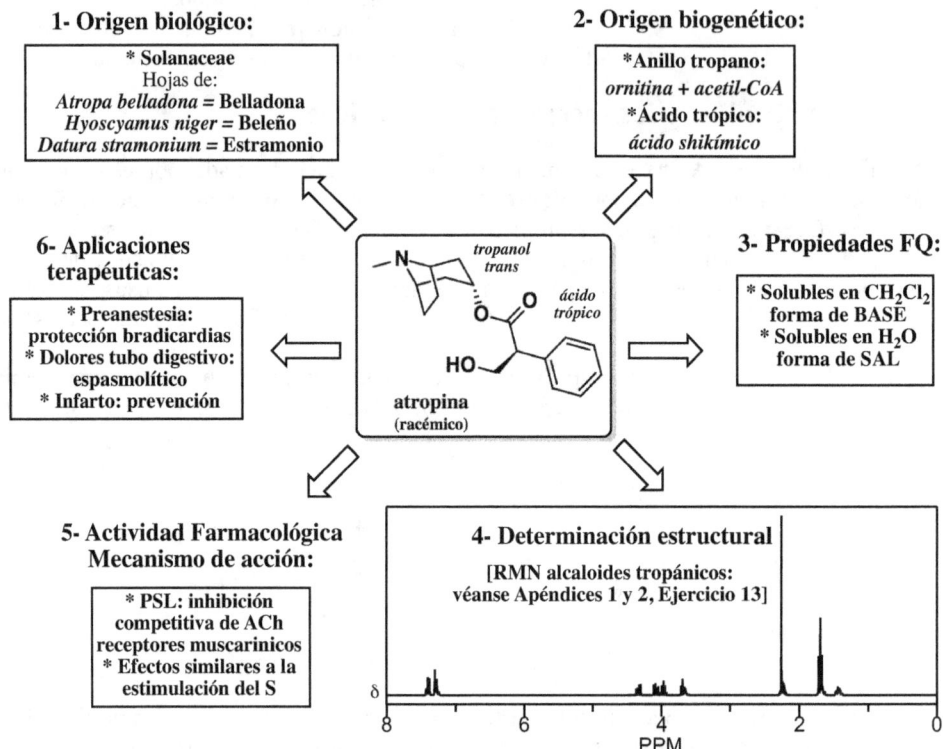

Atropina: "cabeza de serie" de alcaloides tropánicos

Estructura química

* **(-)-Hiosciamina, atropina** (racémico de **hiosciamina**) y **escopolamina**, son alcaloides tropánicos de Solanaceae, con una unión éster generada entre el *trans*-**tropanol** y el **ácido trópico**. Existe un paralelismo químico que no farmacológico con los alcaloides tropánicos de las hojas de Coca, cuyo **MSA**, **cocaína**, presenta una unión éster formada entre el *cis*-**tropanol** y el **ácido benzóico**. El anillo tropánico se biosintetiza a partir del aminoácido **ornitina** y dos unidades de **acetil-CoA [véase Capítulo 4, apdos 1.1 y 1.2]**.

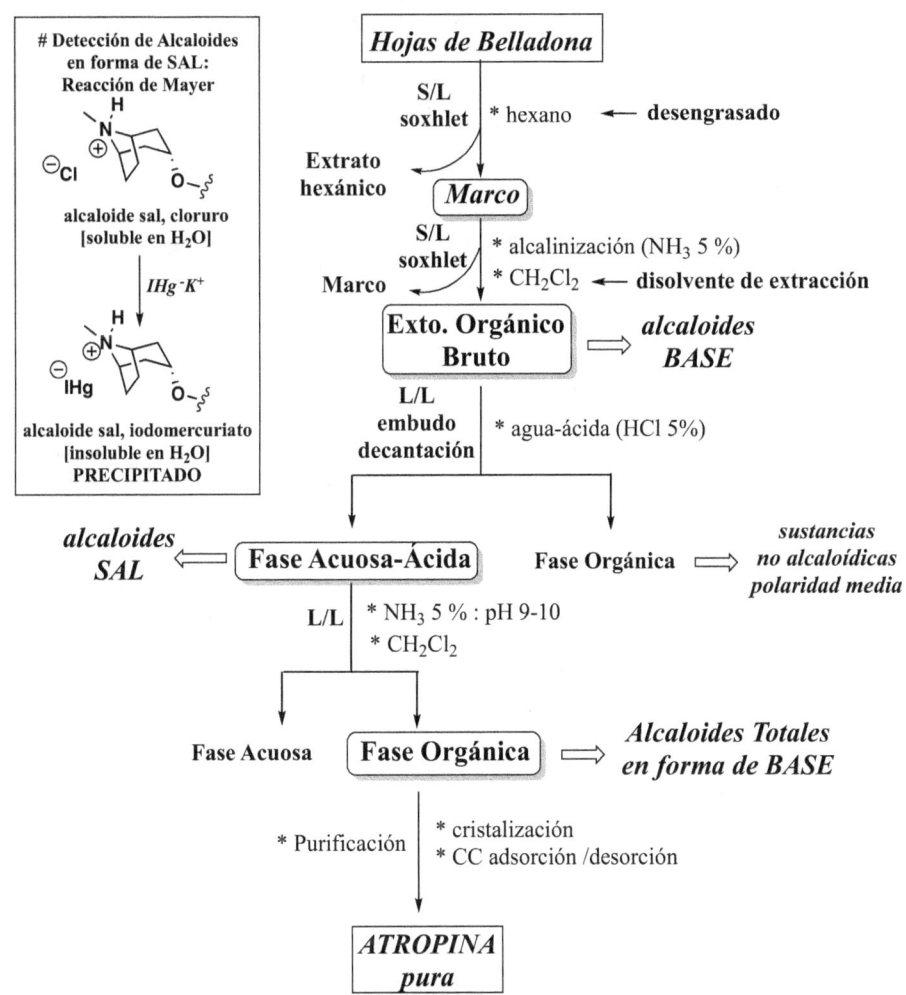

Rasgos estructurales característicos de alcaloides tropánicos

Aislamiento a partir de la MP natural

* Los alcaloides tropánicos se encuentran en las hojas de Belladona, Beleño y Estramonio, en una proporción de entre 0.3 y 0.1 %. En la Belladona el 90 % es **atropina**, mientras que en las otras dos el contenido en **atropina** es solo algo superior al de **escopolamina**.

Aislamiento de atropina a partir de hojas de Belladona

Efectos farmacológicos de la atropina y la escopolamina

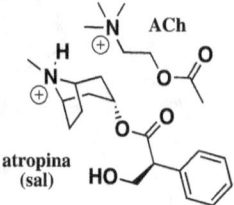

* La **atropina** y la **escopolamina**, bloquean los receptores muscarí nicos mediante inhibición competitiva y reversible de la fijación de la **ACh** sobre los receptores.

* El antagonismo de la **atropina** se explica por el parecido estructural con la **ACh**, y por el hecho de que el anillo **tropanol** puede tomar dos conformaciones, silla y bote, similar a la **ACh**, cuya estructura es flexible.

atropina
(sal)

Conformación preferencial

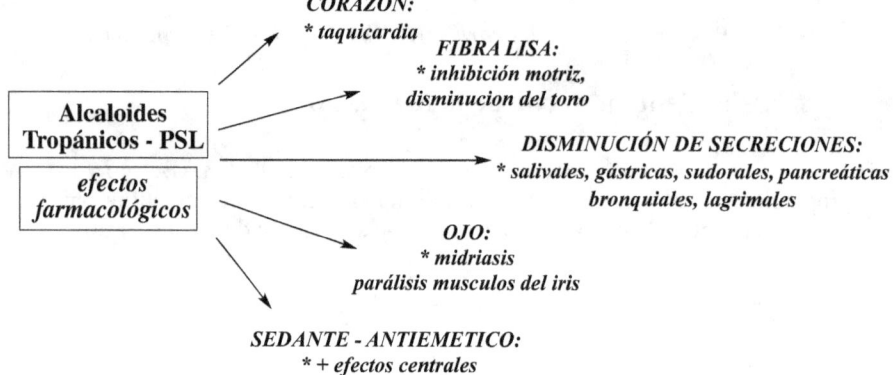

Alcaloides Tropánicos - PSL

efectos farmacológicos

CORAZÓN:
* *taquicardia*

FIBRA LISA:
* *inhibición motriz, disminucion del tono*

DISMINUCIÓN DE SECRECIONES:
* *salivales, gástricas, sudorales, pancreáticas bronquiales, lagrimales*

OJO:
* *midriasis parálisis musculos del iris*

SEDANTE - ANTIEMETICO:
* *+ efectos centrales (sólo escopolamina)*

Indicaciones terapéuticas

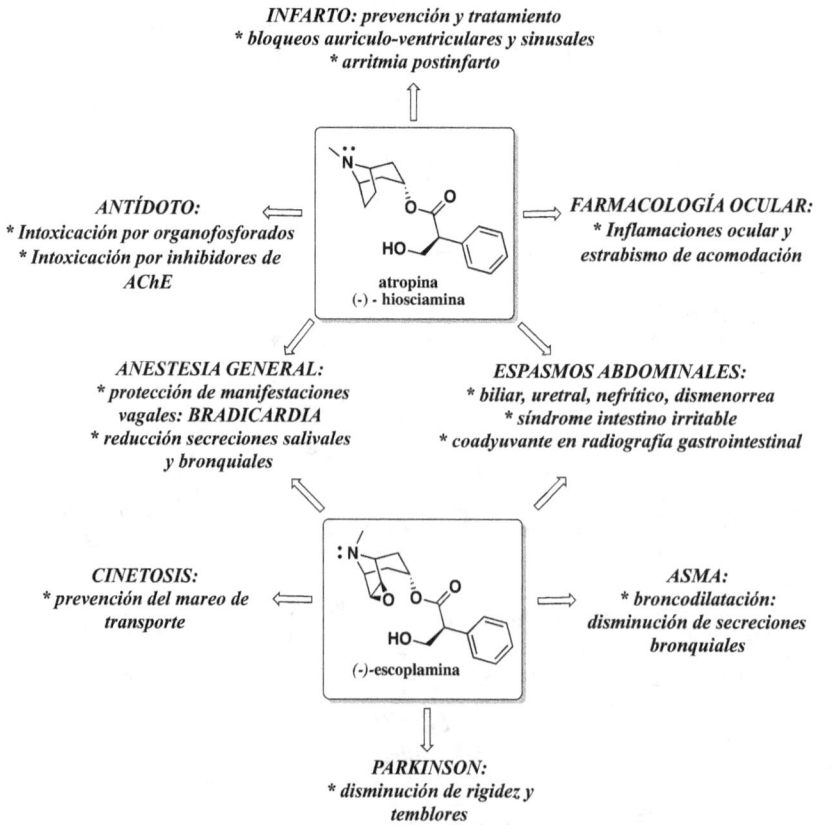

INFARTO: prevención y tratamiento
* *bloqueos auriculo-ventriculares y sinusales*
* *arritmia postinfarto*

ANTÍDOTO:
* *Intoxicación por organofosforados*
* *Intoxicación por inhibidores de AChE*

atropina
(-) - hiosciamina

FARMACOLOGÍA OCULAR:
* *Inflamaciones ocular y estrabismo de acomodación*

ANESTESIA GENERAL:
* *protección de manifestaciones vagales: BRADICARDIA*
* *reducción secreciones salivales y bronquiales*

ESPASMOS ABDOMINALES:
* *biliar, uretral, nefrítico, dismenorrea*
* *síndrome intestino irritable*
* *coadyuvante en radiografía gastrointestinal*

CINETOSIS:
* *prevención del mareo de transporte*

(-)-escoplamina

ASMA:
* *broncodilatación: disminución de secreciones bronquiales*

PARKINSON:
* *disminución de rigidez y temblores*

Cuaternización de alcaloides tropánicos

* La formación de derivados amonio cuaternario evita el paso de la barrera hematoencefálica y una importante disminución de efectos centrales. Por tanto en caso de intoxicación no aparecen los síntomas de disfunción psíquica que se observan en las aminas terciarias: pérdida de memoria, excitación, confusión mental, alucinaciones. Sin embargo, en los cuaternarios la absorción oral es más irregular.

* Objetivos: 1) Disminuir el paso de la barrera hematoencefálica, evitando efectos secundarios, en especial efectos centrales indeseables. 2) Conservar efectos espasmolíticos sobre musculatura lisa del tracto digestivo, vías biliares, urinarias y bronquiales.

Alcaloides tropánicos cuaternarios

* Medicamentos. Intramuscular. **Atropina**: **Atropina Braun**® (B Braun), **Atropina Llorens**® (Llorens). **Ipratropium**: **Atrovent**® (Boehring), **Atroaldo**® (Aldo). **Escopolamina**: **Escopolamina Braun**® (B Braun). **Butilescopolamina**: **Buscapina**® (Boehring).

Antiespasmódicos no colinérgicos

* La **papaverina** es un alcaloide bencilisoquinoleínico (BIQ) minoritario en el opio [alcaloides del opio: **véase Capítulo 12, apdo 3**]. Se trata de un potente espasmolítico, como los alcaloides tropánicos, pero con un efecto colinérgico moderado. Inhibe la fosfodiesterasa, y actúa directamente sobre el múculo liso del tracto gastrointestinal, aliviando los espasmos pero sin afectar la motilidad.

* Debido a su efectos secundarios (taquicardia, entre otros), la **papaverina** ha dejado de utilizarse. En la actualidad se utiliza un análogo de síntesis, la **mebeverina**, en el síndrome de colon irritable.

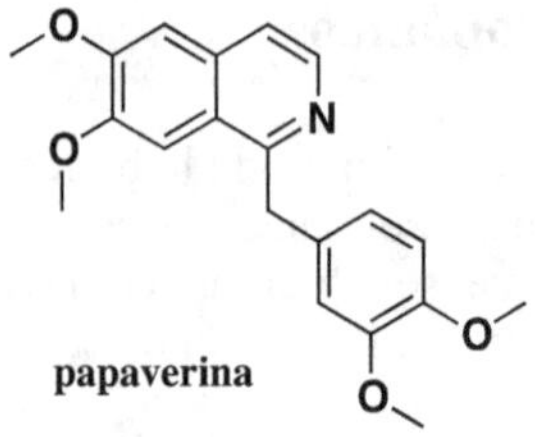

papaverina

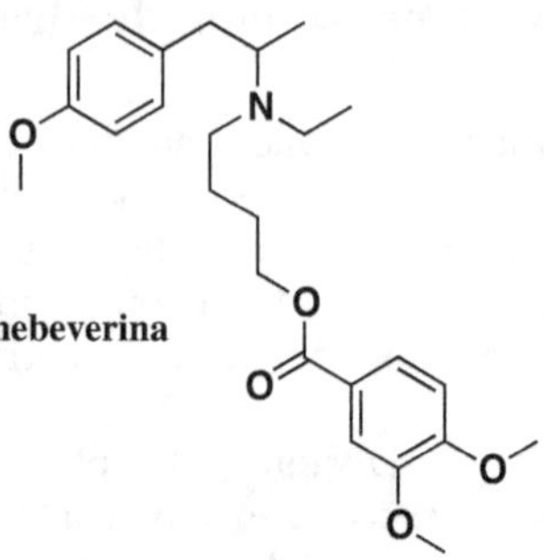

mebeverina

* Medicamento. Oral. **Mebeverina**: **Duspatalin®** (BGP Product Ope).

2.2.- Alcaloides tropánicos no colinérgicos: cocaína

* La **cocaína** es un alcaloide derivado del ***cis*-tropanol**, presente en 1-2 % en las hojas de Coca, *Erythroxylon coca*, Erythroxylaceae, arbusto originario de zonas andinas de Bolivia y Perú. Se trata de un **MSA** poco frecuente en la naturaleza, que se biosintetiza de una forma similar a la **atropina**, a partir del aminoácido **ornitina** y dos unidades de **acetil-CoA [véase Capítulo 4, apdo 1.1]**, [extracción de cocaína**: véase Capítulo 2, Ejercicio 2**].

* Las hojas de Coca se mastican en el altiplano andino, a más de 3500 m de altura, con ceniza de hojas de *Cecropia*, que mejoran la liberación del alcaloide: 20 g de hojas, liberan unos 48 mg de **cocaína** en la saliva durante varias horas.

* El tráfico de **cocaína** comienza con la obtención de la "pasta de coca" (40-70 % de **cocaína**), realizada en laboratorios clandestinos. El "crack" obtenido se fuma y produce dependencia.

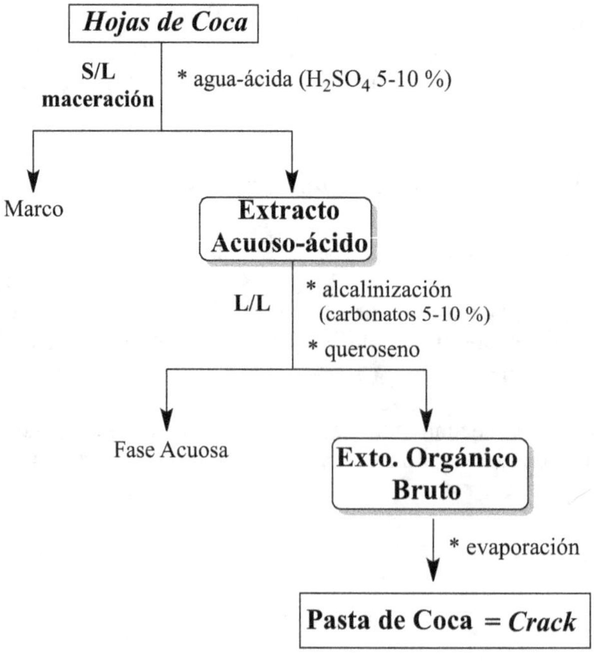

Extracción de pasta de Coca

Cocaína anestésico local

* La **cocaína** es un <u>anestésico local</u> (AL), que inhibe la propagación de los potenciales de acción en las fibras nerviosas, mediante un bloqueo de los canales de Na^+ voltaje-dependientes, lo que impide la entrada de Na^+ a través de la membrana en respuesta a la despolarización nerviosa. No se utiliza en terapéutica debido a sus efectos centrales. Se comporta como una amina SM indirecta, ya que inhibe la recaptación de los neurotransmisores **noradrenalina**, **serotonina** y **dopamina**.

* El diseño de los AL utilizados hoy día en terapéutica, **lidocaína** (**Lidocaina Braun®**), y **procaína** (**Procaina Serra®**), entre otros, se inspiró en el esqueleto de la **cocaína**. Es fundamental la presencia de enlaces éster o amida en las moléculas de los AL debido a su facilidad para ser hidrolizados. Los que contiene un grupo éster se inactivan con rapidez en el hígado gracias a las esterasas específicas. Las amidas son más estables.

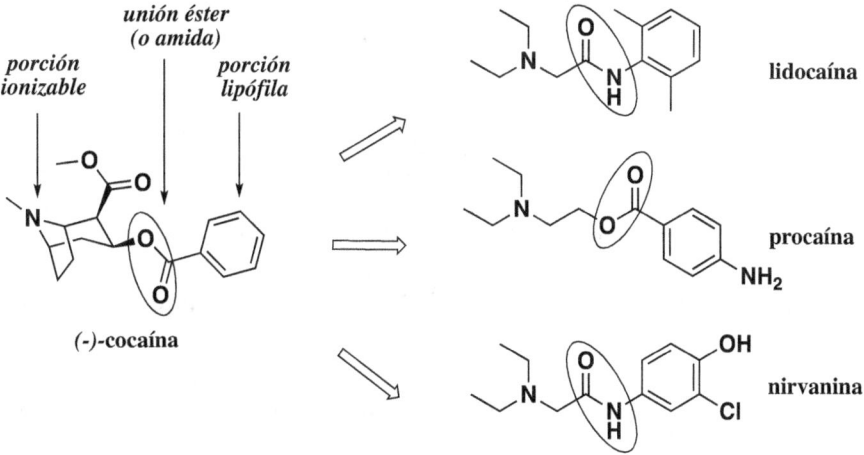

Diseño de AL de síntesis inspirados en la cocaína

Cocaína estupefaciente

* La vía de administración mas frecuente de la **cocaína** es la nasal. En primer lugar produce euforia, con estimulación intelectual, hiperactividad, hiperlucidez y aceleración de ideas. Además, muestra efectos similares a la administración de **anfetamina**, es decir, disminución de fatiga, insomnio, anorexia y locuacidad. Presenta también efectos a corto plazo, contracción de los vasos sanguíneos, dilatación de la pupila, aumento de la temperatura corporal, de la frecuencia cardiaca y de la presión arterial.

* La <u>estimulación dopaminérgica</u> es la responsable de los efectos de la **cocaína** sobre la activación motora (euforia). Es también la que provoca tolerancia y a largo plazo psicosis paranoica, pérdida de la sensación de la realidad, alucinaciones auditivas y daño psicológico permanente.

* En el <u>síndrome de abstinencia</u>, la primera fase es el "Crash", que cursa con depresión, ansiedad, sueño agitado e hiperfagia. A continuación se aprecia la fase de abstinencia, anhedonia o incapacidad de experimentar placer. En las crisis agudas se producen convulsiones, arritmia, temblores, irritabilidad y alucinaciones. La rehabilitación se puede llevar a cabo con dopaminérgicos, como **L-Dopa**, y con nhibidores de la recaptación de **serotonina**, como **fluoxetina**.

* La asociación **cocaína** + **alcohol** da lugar a **cocaetileno**, sustancia capaz de aumentar los niveles de endorfinas en el hipotálamo, provocando disminución de la capacidad contráctil de corazón y un aumento del riesgo de muerte súbita.

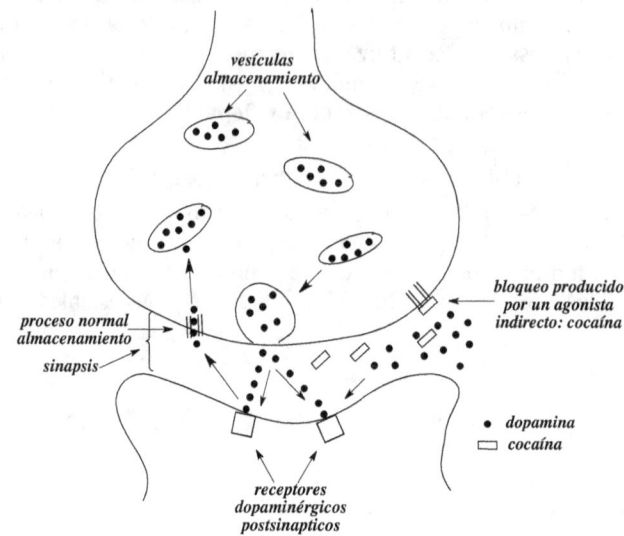

Cocaína: inhibidor de la recaptación de dopamina

2.3.- Parasimpaticomiméticos (PSM) directos: pilocarpina y arecolina

* Los PSM muscarínicos presentan efectos farmacológicos similares a una estimulación del PS: bradicardia, vasodilatación, hipotensión, aceleración del peristaltismo intestinal, miosis y aumento de las secreciones. **Pilocarpina** y **arecolina** son dos **MSA** pertenecientes a este grupo.

histidina   **pilocarpina**   **arecolina**

* La **pilocarpina**, es una imidazol-γ-lactona, asilada a partir de los foliolos de Jaborandi, *Pilocarpus jaborandi*, Rutaceae, originario de Brasil y Paraguay. Deriva biogenéticamente del aminoácido **histidina**. Se utiliza en forma de nitrato en el glaucoma (aumento de la presión intraocular), como agente productor de miosis. También en el tratamiento de la xerostomía (sequedad de la boca) causada por radioterapia utilizada en el tratamiento de cáncer de cabeza y cuello.

* La **arecolina**, es una piperidina aislada de las semillas de *Areca catechu*, Palmaceae, biosintetizada a partir del **ácido nicotínico** [véase **Capítulo 4, apdo 1.3**]. Se utiliza como antihelmíntico, al ser capaz de eliminar las lombrices intestinales (vermífugo).

* <u>Medicamentos</u>. Oral. **Pilocarpina**: **Salagen**® (Rovi), **Colircusi Pilocarpina**® (Alcón Cusi).

2.4.- PSM indirectos o anticolinesterásicos: galanthamina y fisostigmina

Galanthamina

* Es una benzacepina aislada de los bulbos de *Galanthus nivalis* y en algunas otras especies de Amaryllidaceae. *Galanthus nivalis* o campanilla de invierno, es capaz de crecer sobre capas de nieve, de ahí su denominación francesa (Perce-neige). La **galanthamina** en la planta tendría un efecto insecticida, ya que bloquea el SN de los insectos.

galanthamina   codeína

* Se biosintetiza a partir de la **tirosina**, a través de una condensación oxidativa *para-orto* [véase Capítulo 4, apdo 2.8]. Posee un paralelismo biosintético y estructural con el alcaloide morfínico **codeína** [véase Capítulo 4, apartado 2.4].

* La **galanthamina** (como las estigminas que veremos a continuación), se une a la enzima acetilcolinesterasa (AChE), hidrolizándola y provocando su inhibición (competitiva y reversible). De esta forma se consigue aumentar la concentración de **ACh** en el espacio intersináptico y por tanto activar la transmisión colinérgica, que es deficitaria en la enfermedad de Alzheimer. Aunque la **galanthamina** es menos potente que otros inhibidores de la AChE, es además un modulador alostérico, actuando sinérgicamente con la **ACh** en el receptor nicotínico. Es decir, que es capaz de aumentar la liberación pre-sináptica de **ACh**, produciéndose una mejoría en los síntomas de dicha enfermedad neurodegenerativa.

* Existe una fijación específica de la **galanthamina** (*galanthamina binding site*) sobre la que se unen también **codeína** y **serotonina**. Por otra parte la **galanthamina**, previene la muerte neuronal programada o apoptosis que ocurre en la enfermedad de Alzheimer y el efecto tóxico de la proteína amieloide beta sobre las neuronas. Se opone por tanto a la degeneración de las neuronas.

* La **galanthamina** se utiliza en el tratamiento paliativo de la enfermedad de Alzheimer, ya que retrasa la progresión de la enfermedad. Se absorbe rápidamente en el tubo digestivo, manteniéndose pocas horas en sangre, por lo que hay que administrar dos tomas al día.

* Medicamentos. Capsulas liberación prolongada. **Galanthamina Actavis®** (Actavis), **Galanthamina Sandoz®** (Sandoz), **Reminyl®** (Janssen-Cilag), entre otros.

Fisostigmina

* La **fisostigmina** es un pirroloindol, derivado biogenéticamente de la **triptamina**, que presenta un inusual grupo carbamato o uretano [véase Capítulo 4, apdo 3.4]. Se aísla en las semillas del haba de Calabar, *Physostigma venenosum*, Fabaceae. Es inestable ya que puede oxidarse con el aire y la luz. Como la **galanthamina**, es un inhibidor reversible de la AChE. Acumula **ACh** en las terminaciones nerviosas, produciendo miosis, bradicardia e hipotensión.

* La **fisostigmina**, se utilizó en el pasado como veneno de prueba. En terapéutica actualmente se utilizan análogos obtenidos por síntesis, las estigminas, que se diseñaron inspiradas en el esqueleto de la molécula natural. En la actualidad, la **fisostigmina**, sólo se utiliza como antídoto de intoxicaciones graves de anticolinérgicos.

* Entre las estigminas, cabe destacar la **neostigmina**, cuyos grupos carbamato y amonio cuaternario, impiden el paso de la barrera hematoencefáliaca, por lo que presenta menos efectos centrales. Se utiliza en atonías intestinales y vesicales post-operatorias, miastenia y decurarización operatoria después del uso de curares [**veáse a continuación apdo 2.5**].

* La **rivastigmina** se administra en parches o en cápsulas. Está indicada, como se ha visto con la **galanthamina**, en el tratamiento sintomático de formas ligeras a severas moderadas de la enfermedad de Alzheimer.

fisostigmina   neostigmina   rivastigmina

* <u>Medicamentos</u>. Oral. **Fisostigmina**: **Anticholium**® (Sigmafarm). **Neostigmina**: **Neostigmina Braun**® (B Braun). **Rivastigmina**: **Exelon**® (Novartis), **Rivastigmina Cinfa**® (Cinfa), entre otros.

2.5.- Bloqueantes neuromusculares: tubocurarina y toxiferina

* El <u>bloqueo de la transmisión neuromuscular</u> se lleva a cabo mediante un efecto postsináptico inhibiendo la síntesis o la liberación de la **ACh**. Los bloqueantes neuromusculares se utilizan en clínica como complemento de la anestesia general. En 1856 Claude Bernard demostró que el curare produce parálisis al bloquear la conducción nerviosa. Los curares, mezcla compleja de sustancias de diferente origen, se utilizaban por la tribus amazónicas precolombinas como veneno de flechas, con objeto de paralizar los animales de caza. Al no actuar por vía oral, la carne de caza se podía ingerir sin peligro.

Tubocurarina

* Uno de los componentes de los curares en tubo, procedentes de la selva amazónica de Brasil y Perú, lo constituyen las ramas de *Chondrodendron tomentosum*, Menispermaceae, cuyo **MSA** y principal responsable de la actividad, es la **tubocurarina**, alcaloide dímero con esqueleto bis-benciltetrahidro-isoquinoleína (BBTHIQ). Presenta una estructura rígida, con un macrociclo constituido por la unión de dos 1-BTHIQ unidas por sendos puentes diaril-éter. Se biosintetiza a partir de la **tirosina**, a través de una condensación oxidativa intermolecular entre dos unidades de *N*-metilcoclaurina [**véase Capítulo 4, apdo 2.6**].

* La **tubocurarina**, es una base de amonio cuaternario, generada por acción de la SAM sobre uno de los N amina terciaria de la BBTHIQ precursora. La extracción se basa en la imposibilidad de los alcaloides cuaternarios de pasar a forma de base en medio alcalino.

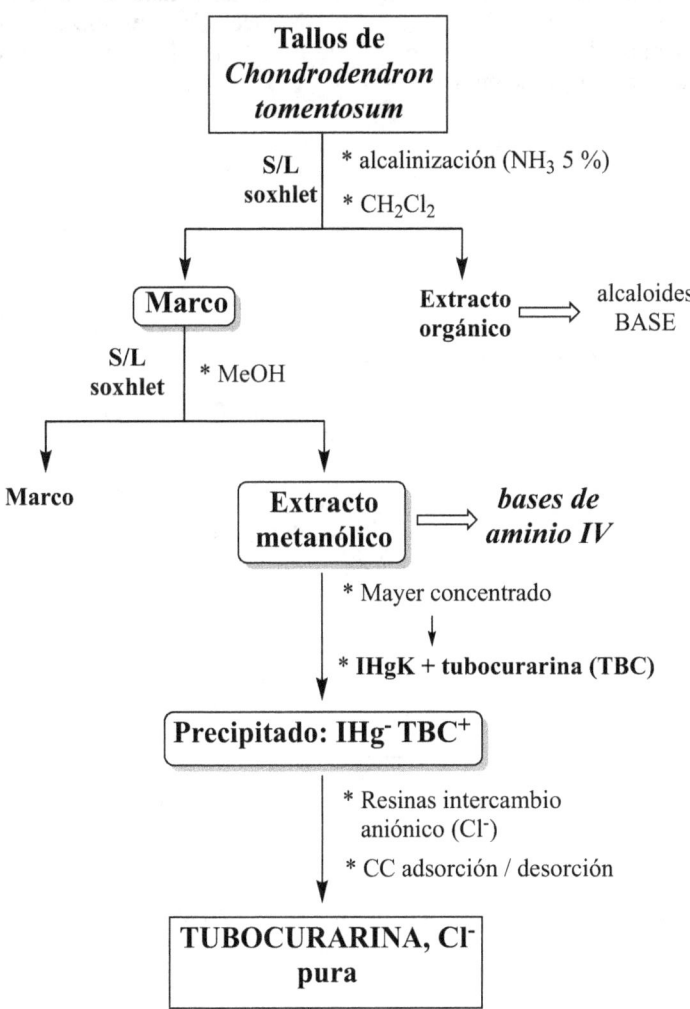

Aislamiento de tubocurarina a partir de tallos de Chondrodendron

* La **tubocurarina**, es un bloqueante no despolarizante, actúa como antagonista competitivo de la **ACh** en los receptores colinérgicos de la placa motriz, de forma específica sobre los receptores nicotínicos en la unión neuromuscular. El antagonismo con la **ACh** se traduce en un efecto relajante de la musculatura estriada (músculo voluntario), produciéndose parálisis progresiva de los músculos del cuerpo. A dosis adecuadas, se utiliza como pre-anestésico, relajando la musculatura del individuo y de esta forma limitando la dosis de anestésico necesaria para una intervención quirúrgica.

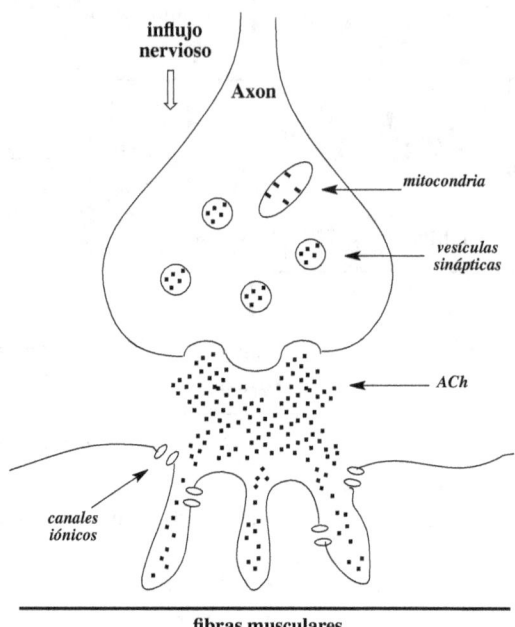

Placa motriz

* Al ser amonio cuaternario, la **tubocurarina** y sus derivados, no se absorben por vía oral, actúan sólo por via intramuscular y a nivel de la placa motriz (unión neuro-muscular). Por tanto los medicamentos curarizantes no tienen ningún efecto sobre el miocardio.

tubocurarina

metiltubocurarina

Toxiferina

* Es el **MSA** de las cortezas del tronco de *Strychnos toxifera*, Loganiaceae, uno de los componentes principales de los curares en calabaza elaborados por los indios del Orinoco. Se trata de un alcaloide bis-indólico simétrico, con dos *N* amonio cuaternario **[véase Capítulo 4, apdo 3.2]**. En la actualidad, se utiliza sobre todo el derivado *N*-desmetil-*N*-alil, **alcuronio**.

BrCN
reacción de Von Braun

toxiferina

alcuronio

Atracurio y rocuronio

* **Atracurio** es una molécula de síntesis diseñada a semejanza de la **tubocurarina**, con dos unidades de BTHIQ, cuyos *N* cuaternarios están separados por 13 átomos, a una distancia similar a la de la **tubocurarina**, que es de 1.4 nm, lo que equivale a 14 Å (Ångström). El **atracurio** se degrada rápidamente a pH fisiológico, primero mediante una degradación de Hofmann, seguida de hidrólisis del grupo éster. De esta forma permanece poco tiempo en el organismo.

degradación de Hofmann

hidrólisis grupo éster

atracurio

rocuronio

* **Rocuronio** es un curarizante con soporte esteroídico y un *N* amonio cuaternario. Presenta una duración de acción mayor que el **atracurio**.

<u>Medicamentos</u>. Intravenosa. **Atracurio**: **Tracrium®** (GlaxoSmithKline). **Cisatracurio** (isómero de **Atracurio**): **Nimbex®** (GlaxoSmithKline). **Rocuronio: Rocuronio®** (Hospira), entre otros.

2.6- Estimulantes ganglionares: nicotina y lobelina

Nicotina

* La **nicotina** se encuentra en las hojas de Tabaco, especies cultivadas de *Nicotiana tabacum* y *N. rustica*, Solanaceae, en unas proporción que oscila entre el 2 y el 15 %. La toxicidad se debe sobre todo a las nitrosaminas que se producen en la combustión del cigarrillo. La dosis mortal es de 60 mg / adulto. Su absorción es rápida y su eliminación también.

* La **nicotina** es una base fuerte y volátil, que se biosintetiza a partir del **ácido nicotínico** y el aminoácido **orinitina [véase Capitulo 4, apdo 1.3]**. Otro de los alcaloides abundante en las hojas de tabaco, la **anabasina**, es un análogo estructural de la **nicotina**, biosintetizado a partir del aminoácido **lisina**.

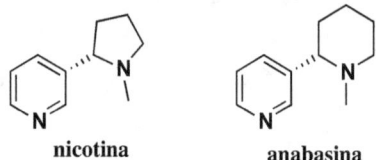

nicotina   anabasina

* Efectos farmacológicos: La **nicotina** es un gangliopléjico y ganglioestimulante, agonista de receptores colinérgicos nicotínicos situados en los ganglios. Produce efectos en el simpático (S) y en el parasimpático (PS). Aumenta el tono muscular, produce taquicardia, vasoconstricción y aumento de la presión arterial.

* A dosis altas produce convulsiones y estimulación de los centros respiratorios y del vómito. Actúa también como antagonista colinégico en la unión neuromuscular, efectos similares a los de los curarizantes. Además, la **nicotina** produce liberación de **dopamina** en el núcleo accumbens (vía de placer, común en los opiáceos, anfetamina y cocaína), neurotrasmisor implicado en los mecanismos de recompensa y gratificación.

Dependencia a la nicotina

* El síndrome de abstinencia producido al dejar de fumar, se traduce en un cuadro de disforia: insomnio, irritabilidad, mal humor, ansiedad, dificultad de concentración, agitación, bradicardia y aumento del apetito.

* Para paliar estos efectos se utiliza la misma **nicotina** en parches y chicles. Se ha utilizado también la **lobelina**, un **MSA** piperidínico aislado en la hojas de *Lobelia inflata*, Lobeliaceae, que es analéptico respiratorio y estimulante ganglionar, con efectos similares a la **nicotina**.

lobelina   bupropión

* El **bupropión** es una molécula de síntesis con un mecanismo diferente al de la **nicotina**. Se trata de un fármaco utilizado como antidepresivo, con propiedades psicoestimulantes. Es un inhibidor selectivo de la recaptación de **dopamina** y **noradrenalina**. Puede considerarse como una "prodroga" ya que en el hígado se transforma en la molécula activa: **hidroxibupropión**. Al aumentar los niveles extracelulares de **dopamina**, favorece el mecanismo de recompensa y gratificación suprimido al dejar de fumar.

* <u>Medicamentos</u>. Parches de **Nicotina**: **Nicotinell®** (GlaxoSmithKline). Chicles de **Nicotina**: **Nicorette®** (Johnson & Johnson). Oral. **Bupropión**: **Elontril®** y **Zyntabac®** (GlaxoSmithKline), entre otros.

2.7.- Otros alcaloides que actúan sobre el sistema colinérgico

* La **esparteína**, es el alcaloide quinolicidínico mayoritario de las ramas de la Retama negra, *Cytisus scoparius*, Fabaceae. Al ser una molécula de bajo peso molecular y punto de ebullición, puede extraerse por destilación. Es un ganglioplejico suave, bloquea la transmisión colinérgica e impide la despolarización de la membrana post-sináptica. A nivel cardiaco disminuye la excitabilidad. Es oxitócico, aumenta las contracciones del útero en el momento del parto. La planta se utiliza para mejorar la eliminación renal.

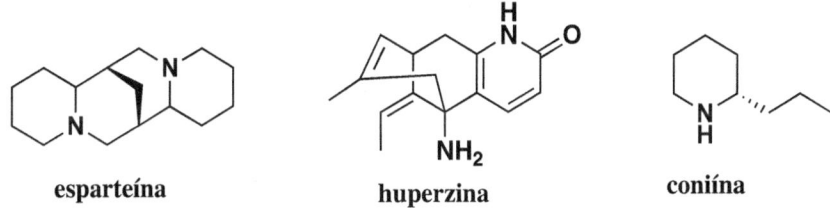

| esparteína | huperzina | coniína |

* La **huperzina** es una δ-lactama piridínica ($C_{15}H_{18}N_2O$), aislada de la especie tradicional china: *Huperzia serrata*, Lycopodiaceae. Esta planta se utiliza en China como antiinflamatorio en el tratamiento de contusiones. También en la esquizofrenia, miastenia y en intoxicaciones con organofosforados. La **huperzina** es un inhibidor reversible de la AChE, como la **fisostigmina** y la **galanthamina**. Mejora por tanto a los enfermos de Alzheimer

* La **coniína** es un alcaloide piperidínico de la Cicuta, fruto de *Conium maculatum*, Apiaceae, célebre por haber provocado la muerte de Sócrates. La **coniína** bloquea la transmisión nerviosa a nivel de los ganglios y en la unión neuromuscular, lo que provoca una parálisis progresiva de los músculos y la muerte por asfixia.

* La mayoría de éstos alcaloides se biosintetizan a partir de la **lisina**.

Capítulo 11.-

MSA que actúan en el Sistema Adrenérgico

Capítulo 11.- *MSA que actúan en el Sistema Adrenérgico*

1- Catecolaminas
2- MSA que actúan sobre los receptores adrenérgicos.
   SM indirectos
      2.1- Efedrina y pseudoefedrina
      2.2- Cathinona y análogos sintéticos
      2.3- Anfetamina y drogas de diseño

1.- Catecolaminas

* Las catecolaminas, **adrenalina** y **noradrenalina**, son segregadas por las glándulas suprarrenales y actúan sobre los receptores adrenérgicos: α_1, α_2, β_1, β_2 y β_3. Se biosintetizan a partir de la **tirosina** y se fijan sobre el receptor específico situado al exterior de la membrana, conduciendo a una modificación de la estructura terciaria y formación del complejo ligando-receptor. La **adrenalina** se utiliza en intravenosa, en caso de paro cardiaco, o en emergencia alérgica debido a broncoespasmo.

Biosíntesis de catecolaminas

2.- MSA que actúan sobre los receptores adrenérgicos. SM indirectos

2.1.- Efedrina y pseudoefedrina

* La **efedrina** es un alcaloide fenilisopropilamina (configuración 1R,2S), aislado de especies del género *Ephedra*, Ephedraceae. Es el alcaloide mayoritario en las hojas, y está acompañado del epímero **pseudoefedrina** (configuración 1S,2S). Derivan biogenéticamente de la **fenilalanina** y del **ácido pirúvico [véase Capítulo 4, apdo 2.8]**.

efedrina   pseudoefedrina

* Se trata de un SM indirecto. Impide el almacenamiento o la recaptación de catecolaminas en las células presinápticas. Libera catecolaminas de las fibras sinápticas post-ganglionares. Es inotropo +, por lo que aumenta la fuerza de contracción del miocardio, e inhibe la motilidad intestinal. Produce hipertensión, broncodilatación y es estimulante del centro respiratorio bulbar.

* La **efedrina** se administra por vía oral y tarda en degradarse. Su acción es más duradera que la de la **adrenalina**. Al ser lipófila se reabsorbe bien y atraviesa la barrera hematoencefálica liberando el mediador a nivel central. Muestra una acción psicoestimulante similar a la de la **anfetamina**: disminuye la fatiga y el sueño, y aumenta la capacidad de concentración.

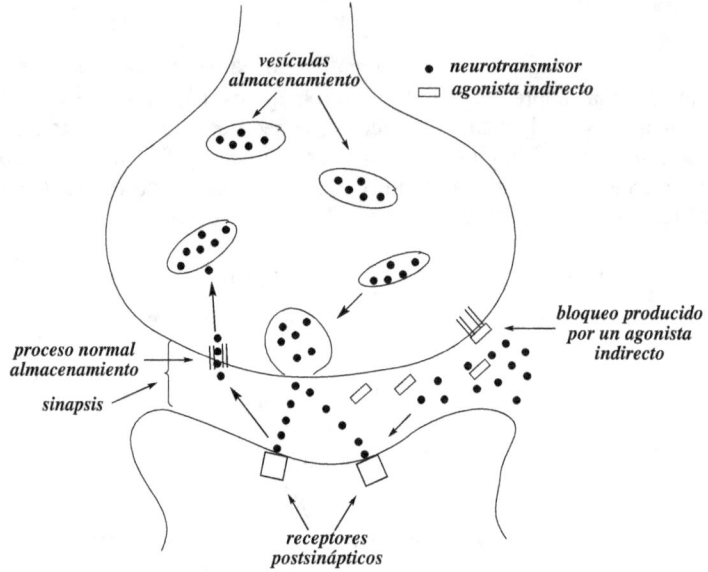

Adrenérgicos indirectos

* <u>Aplicaciones terapéuticas</u>. Descongestionante en resfriados. Indicado en la hipotensión durante la anestesia general, y en el asma. Presenta algunos efectos secundarios: cefaleas, excitación, temblores e insomnio.

* <u>Medicamentos</u>. Oral, subcutánea, intramuscular. **Efedrina Level**® (ERn), **Hidrocloruro de Efedrina**® (Genfarma), entre otros.

2.2.- Cathinona y análogos sintéticos

* Las hojas de *Catha edulis*, Celastraceae, denominadas Kath o Té de Abisinia, se utilizan como masticatorias en países de la península arábiga. Esto es debido a su contenido en **cathinona**, molécula que presenta una actividad similar a la **anfetamina**. Produce anorexia, midriasis, taquicardia, hipertensión, arritmia y estimulación respiratoria. Induce la liberación de catecolaminas y no produce dependencia.

* Las cathinonas sintéticas, también llamadas "BK-anfetaminas", al contener todas una función cetona en β del *N*, actúan como ligandos de transportadores de **noradrenalina** y **dopamina**. Algunas, como **mefedrona** y **metilona**, han estado comercializadas, pero en la actualidad están prohibidas al demostrarse que su consumo habría causado la muerte de varios adolescentes.

cathinona

mefedrona
(4-MMC)

metilona

* Efectos farmacológicos. Son estimulantes del SNC. Provocan aumento de energía, empatía, ganas de comunicarse con los demás, sentimiento de potencia intelectual y física, y aumento de la líbido. Según que derivado, sus efectos pueden parecerse más o menos a la **cocaína** o al **MDMA**. Presentan efectos indeseables a nivel cardiaco, psíquico y neurológico. Se administran por vía nasal, oral, inyectable y rectal. Se utilizan para "cortar" (diluir) drogas de diseño y **cocaína**.

2.3.- Anfetamina y drogas de diseño

* La síntesis de la **anfetamina** (speed) estuvo inspirada en las estructuras de la **efedrina** y la **pseudoefedrina**. Actúa como sustrato de los transportadores de la membrana plasmática neuronal implicados en la recaptación de catecolaminas lo que da lugar a una menor recaptación de **dopamina** y **noradrenalina**. La **anfetamina**, también se introduce en las vesículas de almacenamiento y desplaza a las catecolaminas endógenas hacia el citoplasma. El derivado N-metilado, **metanfetamina** (cristal), atraviesa bien la barrera hematoencefálica y es más activo que la **anfetamina**.

* Efectos farmacológicos. Produce estimulación locomotriz, euforia y agitación, insomnio, aumento de la sensación de vigor y anorexia. Muestra además efectos psicológicos a largo plazo, psicosis, ansiedad y depresión, y acciones periféricas, broncodilatación, hipertensión, vasoconstricción, aumento de la frecuencia cardiaca y disminución de la movilidad intestinal.

* La dependencia física producida por la **anfetamina** y la **metanfetamina**, dio lugar a la preparación de las denominadas "drogas de diseño", derivados metilendioxi: **MDA** y **MDMA** (éxtasis), entre otros.

anfetamina

metanfetamina

MDA

MDMA

* El **MDMA** es un inhibidor de la recaptación de **serotonina** (**5-HT**). Inhibe al transportador y promueve la liberación de **5-HT**. Comparte las propiedades psicoestimulantes de la **anfetamina**. Aunque no produce dependencia, su consumo acarrea riesgos importantes.

* Se administra por vía oral en cápsulas. Producen euforia, estado general de bienestar, felicidad, aumento de la sociabilidad y facilidad para la comunicación. Asímismo produce aumento de la empatía y del sentimiento de cercanía con los demás (entactogénesis), sensación de paz interior, mejora de la percepción y de la sensualidad. Se produce también alteración del sentido del tiempo.

* Puede provocar la muerte súbita por hipertermia aguda, exceso de ingesta y retención de agua e insuficiencia cardiaca. Suele estar "cortada" con **4-metoxi-anfetamina**, más potente que **MDMA**.

Capítulo 12.-

MSA Analgésicos

Capítulo 12.- *MSA Analgésicos*

1- Receptores opioides (RO)
2- Niveles de la analgesia
3- MSA con afinidad por los RO
      3.1- Morfina y codeína
      3.2- Indicaciones terapéuticas. Agonistas y
      antagonistas de RO
4- Analgésicos no morfínicos. Ácido salicílico
5- Antigotosos. Colchicina
6- Capsaicina

1.- Receptores opioides (RO)

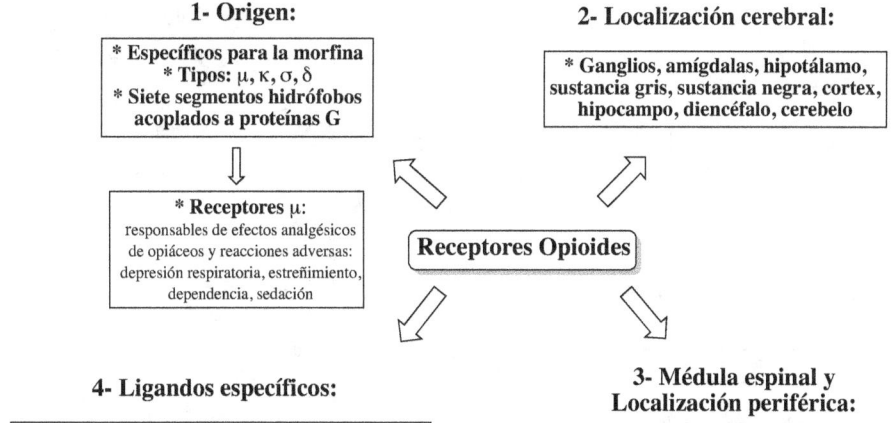

1- Origen:

* Específicos para la morfina
* Tipos: μ, κ, σ, δ
* Siete segmentos hidrófobos acoplados a proteínas G

2- Localización cerebral:

* Ganglios, amígdalas, hipotálamo, sustancia gris, sustancia negra, cortex, hipocampo, diencéfalo, cerebelo

* Receptores μ:
responsables de efectos analgésicos de opiáceos y reacciones adversas: depresión respiratoria, estreñimiento, dependencia, sedación

Receptores Opioides

4- Ligandos específicos:

* Descubiertos en 1975: Hughes y Kosterlitz
* Péptidos opioides: *endorfinas*
* *Encefalinas*: 5 aminoácidos, tirosina terminal

3- Médula espinal y Localización periférica:

* Glándula mesentérica, células endocrinas de intestino, páncreas, corazón, pulmón, suprarrenal, hipófisis, órganos de reproducción

2.- Niveles de la analgesia

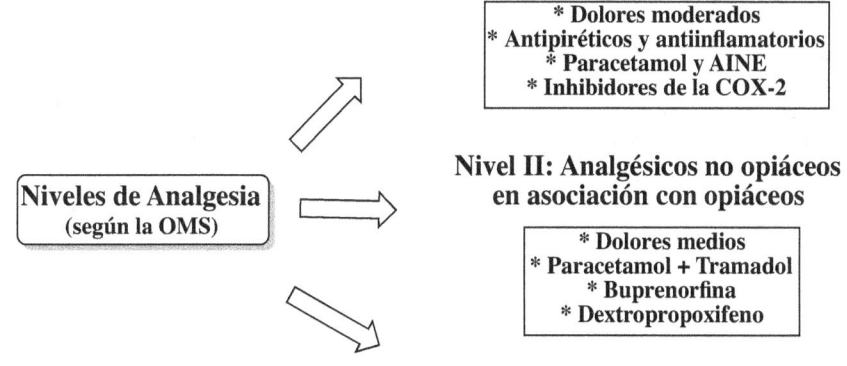

Niveles de Analgesia
(según la OMS)

Nivel I: Analgésicos no opiáceos

* Dolores moderados
* Antipiréticos y antiinflamatorios
* Paracetamol y AINE
* Inhibidores de la COX-2

Nivel II: Analgésicos no opiáceos en asociación con opiáceos

* Dolores medios
* Paracetamol + Tramadol
* Buprenorfina
* Dextropropoxifeno

Nivel III: Opiáceos o morfínicos

* Dolores profundos
* Dolores agudos y crónicos

3.- MSA con afinidad por los RO

3.1.- Morfina y codeína

* **Morfina** y **codeína**, son alcaloides IQ, agonistas puros de receptores opioides, abundantes en las cápsulas de adormidera. La **morfina** fue el primer **MSA** aislado a partir de fuentes naturales, por el farmacéutico alemán Sertürner hacia 1806 **[véase Capítulo 1, apdo 1]**.

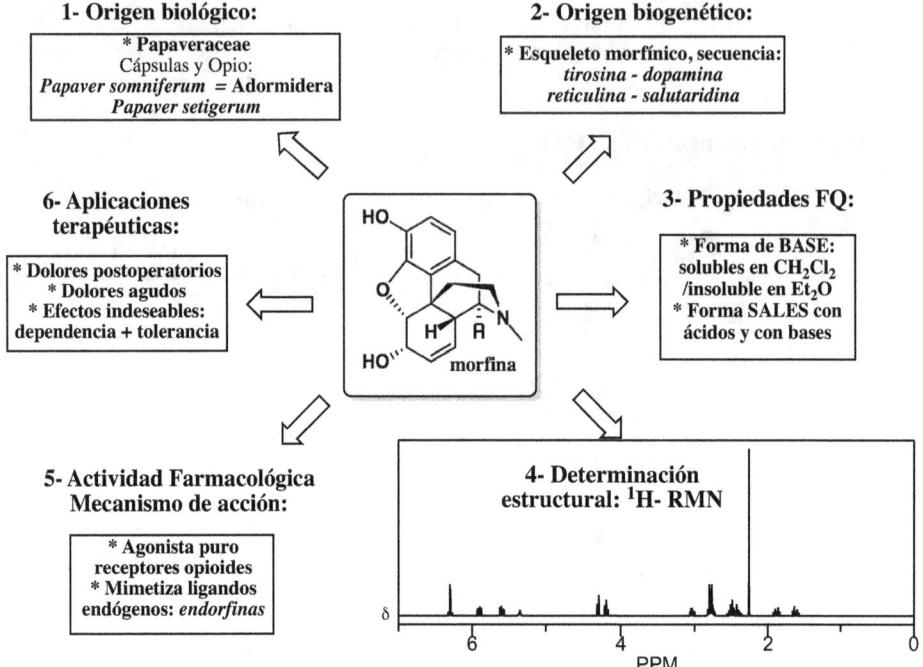

1- Origen biológico:
* Papaveraceae
Cápsulas y Opio:
Papaver somniferum = Adormidera
Papaver setigerum

2- Origen biogenético:
* Esqueleto morfínico, secuencia:
tirosina - dopamina
reticulina - salutaridina

6- Aplicaciones terapéuticas:
* Dolores postoperatorios
* Dolores agudos
* Efectos indeseables: dependencia + tolerancia

3- Propiedades FQ:
* Forma de BASE: solubles en CH_2Cl_2 /insoluble en Et_2O
* Forma SALES con ácidos y con bases

5- Actividad Farmacológica Mecanismo de acción:
* Agonista puro receptores opioides
* Mimetiza ligandos endógenos: *endorfinas*

4- Determinación estructural: ^1H- RMN

Morfina: "cabeza de serie" de alcaloides morfínicos

Estructura química

* **Morfina**, **codeína** y **tebaína** son los tres alcaloides con esqueleto morfinano o morfínico que se encuentran en las cápsulas de Adormidera y en el opio, *Papaver somniferum*, Papaveraceae. La **morfina** es el mayoritario, representa el 10-12 %. Las cápsulas se recolectan en los cultivos de países occidentales, Francia, España, Italia. El opio se obtiene en los cultivos de países cálidos orientales, Turquía, Afganistán, triangulo de oro: Tailandia, Laos y Myanmar (Birmania), donde el contenido en alcaloides es del 20 %. Las variedades más utilizadas son: *álbum* (en India), *glabrum* (Turquía) y *nigrum* (países occidentales).

morfina   codeína   tebaína

* La **tebaína** se biosintetiza, como muchos alcaloides IQ, a partir de dos moléculas de **tirosina**. La etapa clave en la formación de **tebaína**, es la condensación oxidativa *para-orto* de la BTHIQ **reticulina**, generando el esqueleto morfinandienona. Sólo en dos especies, *Papaver somniferum* y *P. setigerum*, se produce la transformación de **tebaína** en **codeína** y **morfina [véase Capítulo 4, apdo 2.4]**.

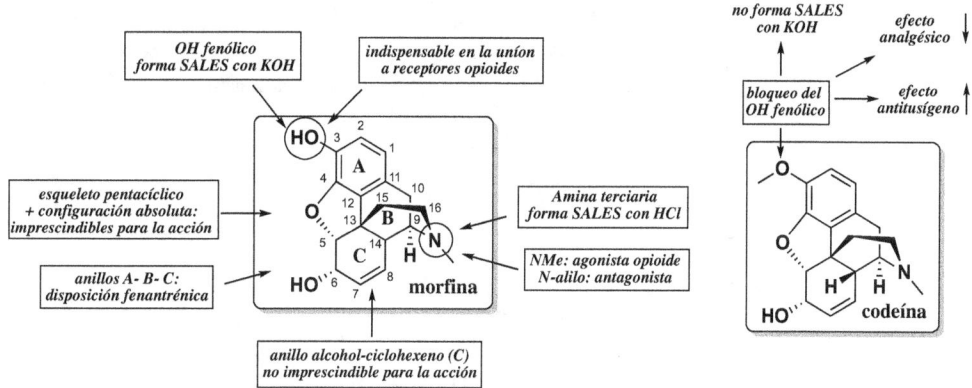

Rasgos estructurales característicos de morfina y codeína

Aislamiento a partir de la MP natural

* Se pueden utilizar métodos clásicos, teniendo en cuenta que la **morfina** con un OH fenólico (ácido débil), puede separarse del resto de alcaloides del opio, solubilizándose en agua con una base fuerte, Ca(OH)$_2$, y además, que es insoluble en forma de base en algunos disolventes de polaridad media como el éter etílico.

* En 2015 se hizo referencia a la obtención, mediante ingeniería genética, de aun análogo morfínico, **oxicodona,** en cepas de *Saccharomices cerevisae*, modificadas por la introducción de 23 genes de *Papaver*. Aunque el rendimiento fue bajo, este procedimiento abre las puertas a una futura producción de **morfina** y otros **MSA** mediante expresión génica.

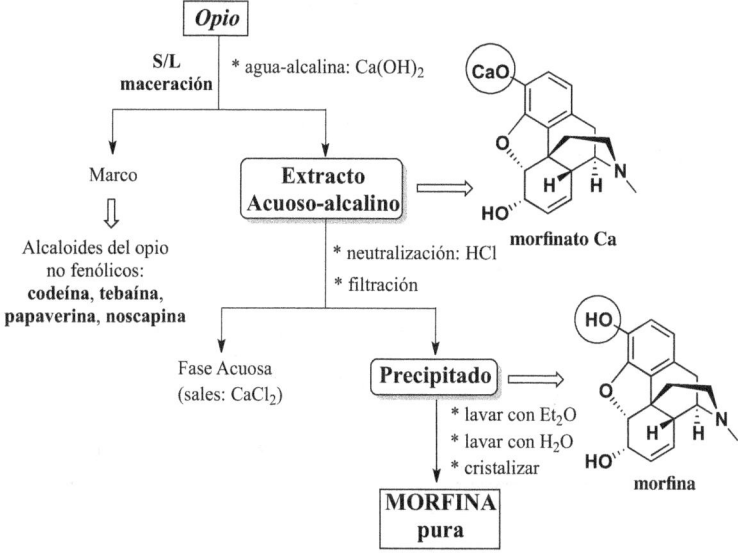

Aislamiento de morfina a partir del opio

RMN de alcaloides derivados de la tirosina

* Morfínicos:

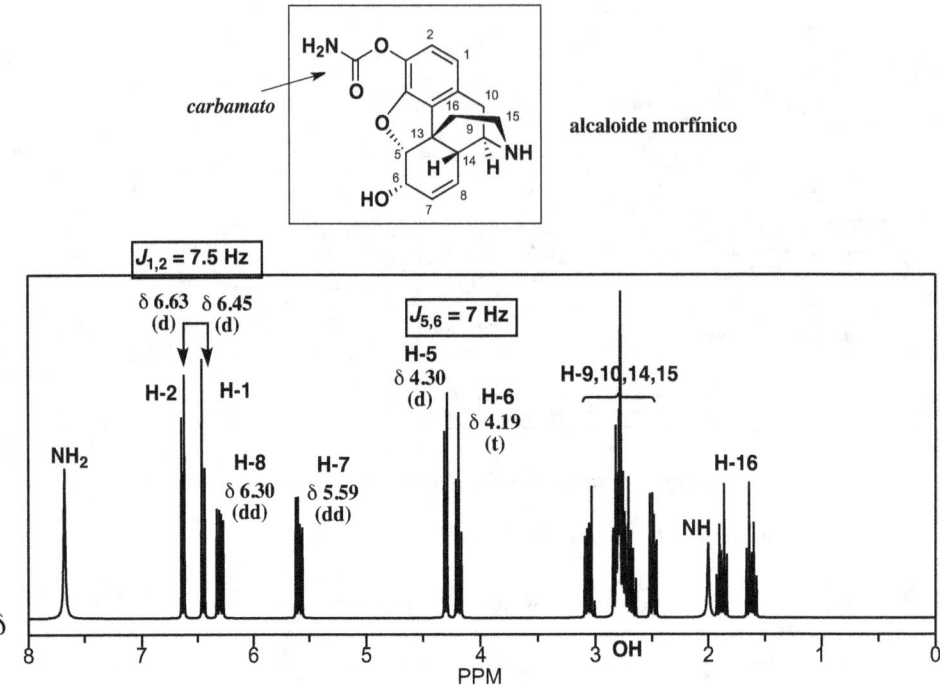

alcaloide morfínico

* Benzacepínicos:

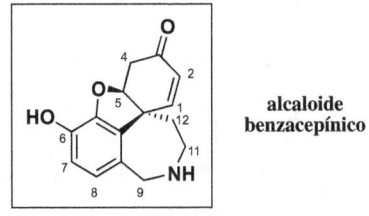

alcaloide benzacepínico

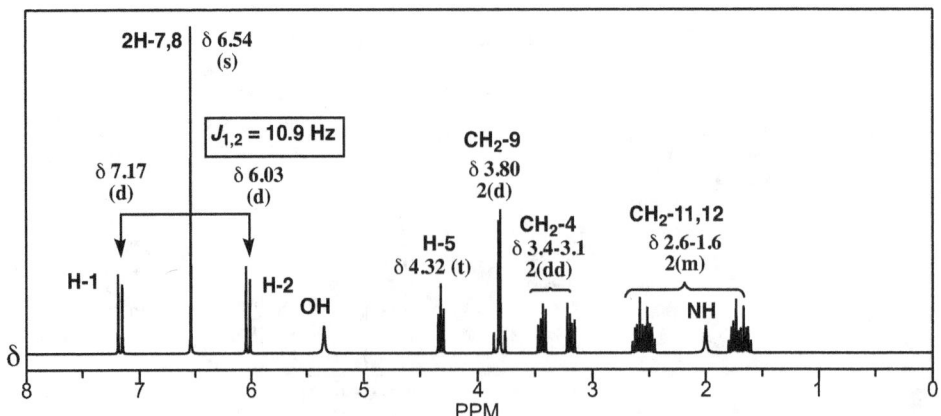

Efectos farmacológicos producidos por la morfina

* El efecto agonista de la **morfina** sobre los RO, reproduce al de los ligandos endógenos o péptidos opioides. Estos pertenecen a la familia de las endorfinas, uno de cuyos primeros representantes son las **encefalinas.** Están formados por cinco aminoácidos, siendo **tirosina** el residuo terminal en todos ellos. La secuencia *p*-OH-fenil-etilamina de la **tirosina**, se encuentra en la estructura de la **morfina**, **MSA** biosintetizado, como ya hemos visto, a partir de dos unidades de dicho aminoácido, lo que justificaría la afinidad por los RO.

Mimetismo estructural: morfina y ligandos endógenos

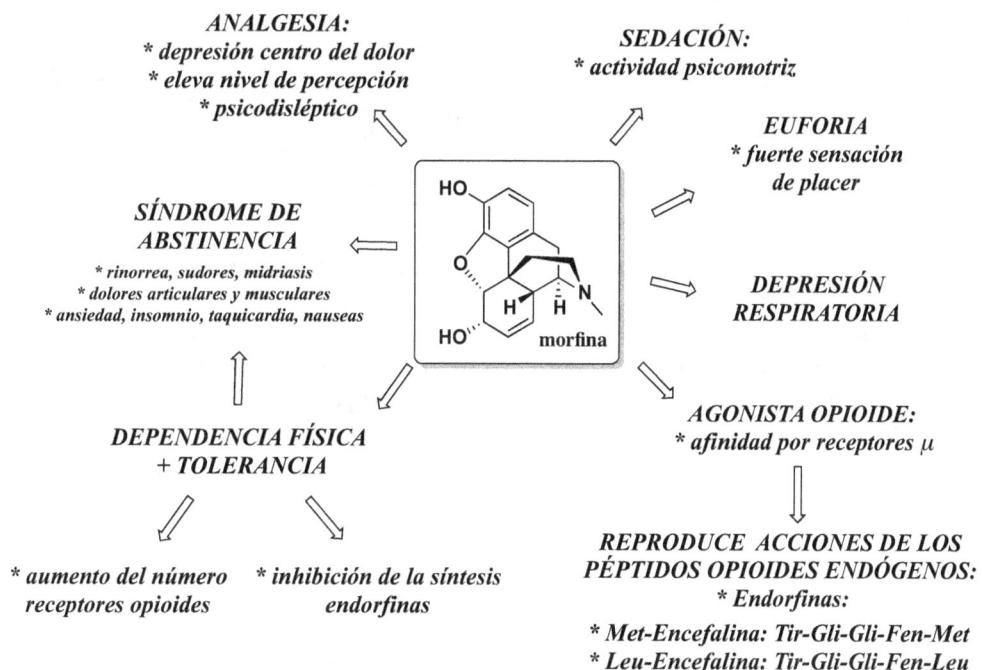

Morfina: efectos farmacológicos

3.2.- Indicaciones terapéuticas. Agonistas y antagonistas de RO

Agonistas puros: morfina y derivados

* La **morfina** y derivados, son analgésicos utilizados exclusivamente en dolores agudos o crónicos. Producen dependencia física y tolerancia. La **tebaína**, sin actividad analgésica, es el único alcaloide morfínico del opio, abundante en otras Papaveraceae, utilizado en la industria como materia prima en la síntesis de derivados morfínicos. **Oxicodona, hidromorfona** y **oximorfona,** son análogos más potentes que la **morfina**.

tebaína   oxicodona   oximorfona

* **Heroína** o diacetilmorfina ("prodroga"), es un morfínico semisintético cien veces más activo que **morfina**. Los grupos acetilo hacen que la molécula atraviese mejor la barrera hematoencefálica, favoreciendo la liberación de **morfina** por desacetilación.

hidromorfona   morfina   heroína

Agonistas sin tolerancia ni dependencia. Antitusígenos

* **Buprenorfina**, es un morfinano preparado a partir de la **tebaína**, modificando el anillo ciclohexeno. Se trata de un agonista parcial, agonista de receptores μ, como la **morfina**, pero antagonista de los kappa (κ). Se utiliza en dolores postoperatorios y neoplásicos. También en el tratamiento de sustitución.

* **Tramadol** es un derivado sintético agonista de RO no selectivo, indicado en dolores moderados. Se asocia con **paracetamol** (analgésico antipirético).

buprenorfina   tramadol   paracetamol

* **Codéina**, alcaloide morfínico del opio, y **folcodina**, derivado semisintético, son también agonistas de RO, pero con efectos analgésicos de menor intensidad. No producen dependencia, y se utilizan como antitusígenos en casos de tos irritante, no productiva, que impide el descanso nocturno.

| codeína | folcodina | noscapina | dextrometorfano |

* También se utilizan como antitusígeno la **noscapina** [véase Capítulo 4, apdo 2.5], alcaloide ftalil-IQ del opio, con menos efectos centrales que la **codeína**, así como el derivado sintético **dextrometorfano**.

Agonistas / antagonistas y antagonistas morfínicos

* La sustitución del metilo del N de la **morfina**, por un radical alilo, o por un metileno ciclopropano como en **buprenorfina**, origina efectos antagonistas. **Nalorfina** es agonista de receptores κ, y antagonista de receptores μ. Se utiliza en el tratamiento de intoxicaciones morfínicas, oponiéndose en particular a la depresión respiratoria.

* La **naloxona** y la **naltrexona**, son antagonistas puros. Se utilizan en intoxicaciones morfínicas agudas.

| morfina | normorfina | nalorfina |
| naltrexona | naloxona |

Medicamentos contra la dependencia

* La **metadona** fue sintetizada por primera vez como espasmolítico. En su estructura, el N se encuentra en una cadena, pero en situación de ciclo potencial, de ahí su analogía con la estructura de la **morfina**. Es también un agonista de receptores μ, pero con acción más prolongada que la **morfina**. Se utiliza por vía oral, como sustituto de opiáceos en los toxicómanos, lo que permite soportar mejor el síndrome de abstinencia.

* La **buprenorfina**, agonista parcial como acabamos de ver, se utiliza igual que la **metadona** para combatir la dependencia.

morfina

metadona

Desomorfina

* La **desomorfina** o dihidrodesoximorfina (krokodil), es 10 veces más potente que la **morfina**. Su consumo se ha visto acrecentado por su fácil preparación y bajo coste, aunque sus efectos secundarios son devastadores. Su aplicación inicial fue como antitusígeno y sedante, presentando beneficios respecto a la **morfina**, como disminución de las nauseas y menor depresión respiratoria. Los efectos secundarios y un mecanismo pasivo de adicción, eliminaron su uso.

* La **desomorfina** se acumula en las venas porque no se disuelve completamente en la sangre y esto provoca necrosis de tejidos y su extensión a otras partes del cuerpo. Su efecto es mas corto que el de la **heroína**, por lo que se debe inyectar varias veces. La expectativa de vida en los consumidores es de 2-3 años. Apareció en Rusia en 2001, fabricado a partir de la **codeína** de los jarabes de la tos, en venta libre sin receta.

codeína

reducción catalítica

O-desmetilación

desomorfina

Preparación de desomorfina a partir de codeína

* Medicamentos. Oral, intravenosa, intramuscular. **Morfina: Morfina Braun**® (B Braun), **Oramorph**® (Kyowa Kirin), **Sevredol**® (Mundipharma). **Buprenorfina: Buprex**® (Indivior), **Transtec**® (Grünenthal), **Buprenorfina Ratiopharm**® (Ratiopharm). **Oxicodona: Oxynorm**® (Mundipharma), **Oxicodona**® (Aristo Pharma). **Hidromorfona: Jurnista**® (Janssen-Cilag). **Metadona: Eptadone**® (Gebro Pharma), **Metasedin**® (Esteve). **Naloxona/Oxicodona: Targin**® (Mundipharma), entre otros. **Codeína: Codeisan**® (Teva), **Toseina**® (Italfarmaco). **Dextrometorfano: Bisolvon Antitusivo**® (Boehring), **Romilar**® (Bayer). **Noscapina: Tuscalman**® (Desma), entre otros.

4.- Analgésicos no morfínicos. Ácido salicílico

* A partir de las cortezas de Sauce, *Salix purpurea*, Salicaceae, árbol común en las zonas húmedas de toda Europa, se aisló el glucósido del alcohol salicílico, **salicósido**, en un porcentaje que puede llegar al 10 %. Dicho glucósido se hidroliza y oxida a nivel intestinal, dando lugar al **ácido salicílico** con propiedades analgésicas y antipiréticas, molécula que inspiró a la síntesis de la **aspirina**: ácido acetil salicílico.

salicósido   ácido salicílico   aspirina

* Forman parte de los antiinflamatorios no esteroídicos (AINE), indicados en dolores inflamatorios agudos o crónicos y en afecciones reumáticas. Inhiben la ciclooxigenasa (COX) y por tanto la síntesis de prostaglandinas. Al tratarse de moléculas de síntesis, aunque inspiradas en **MSA**, este capítulo se desarrolla en Química Farmacéutica y Farmacología.

5.- Antigotosos. Colchicina

* La **colchicina** es un alcaloide amídico, es decir, sin basicidad, por lo que se considera un pseudoalcaloide. Se encuentra en un porcentaje algo superior al 1% en los bulbos de *Colchicum autumnale*, Colchicaceae. Su carácter amídico le confiere una solubilidad particular. En efecto, es a la vez soluble en etanol, diclorometano y agua.

* Como la **morfina**, la **colchicina** se biosintetiza a partir de dos moléculas de **tirosina**, pero en este caso a través de la **autumnalina**, una feniletil-tetrahidroisoquinoleína, cuya disposición de los hidroxilos permite una condensación oxidativa *para-para* [**véase Capítulo 4, apartado 2.8**].

colchicina

* La **colchicina** es un potente antimitótico, ya que impide la formación de microtúbulos al fijarse sobre la tubulina de manera prolongada. No se utiliza como antitumoral debido a su alta toxicidad. Sin embargo, su actividad antiinflamatoria permite su empleo en la crisis de gota y en otras artritis microcristalinas provocadas por el ácido úrico. Actúa disminuyendo los niveles de ácido úrico en la articulación afectada.

* La gota es una causa muy frecuente de artritis inflamatoria, cursa dolor, enrojecimiento e hinchazón de la articulación afectada. Se debe a los cristales de ácido úrico que se forman en el interior y alrededor de las articulaciones. En casos de gota, el individuo no es capaz de eliminar por la orina el exceso de ácido úrico. La crisis aparece con rapidez y desaparece a los diez días.

* Medicamento. Oral. **Colchimax**® (Seid).

6- Capsaicina

* La **capsaicina**, se aisla en especies de *Capsicum, C. annuum, C. frutescens*, Solanaceae (chile picante o gindilla). Es un **MSA** amídico, formado por la condensación de la amina primaria **vanillilamina**, proveniente de la **fenilalanina** y el **ácido 8-metil-nonenóico**, generado a partir de tres unidades de **malonil-CoA** y el aminoácido **valina**.

valina

malonil-CoA
x 3

fenilalanina

vanillilamina

ácido 8-metil-nonenóico

capsaicina

* La **capsaicina** es capaz de provocar depleción local de la sustancia P, péptido endógeno relacionado con la transmisión del impulso doloroso, por lo que produce analgesia tras un periodo de latencia.

* Se ha podido comprobar, que la **capsaicina** se fija a receptores específicos denominados vanilloides, debido a la presencia en su estuctura del grupo vanillil o 4-hidroxi-3-metoxi-bencil. La **capsaicina** se une al subtipo 1 de dicho receptor, denominado $TRPV_1$ (transitorio receptor potencial vanilloide tipo 1) que es un receptor de canal catiónico inespecífico, activado no solo por **capsaicina**, sino también por otros causantes de dolor, como el calor o el ácido.

* Ha sido identificado un ligando endógeno de $TRPV_1$, **N-araquidonoildopamina**, que recuerda a la **anandamida**, ligando endógeno de receptores de cannabinoides **[véase Capítulo 14]**, ya que se trata en ambos casos de amidas del **ácido araquidónico**.

N-araquidonoildopamina

anandamida

* <u>Indicaciones terapéuticas</u>. En neuralgias causadas por herpes, artritis, artrosis y neuropatía diabética.

* <u>Medicamentos</u>. Tópico. **Capsicin**® (Viñas), **Sensedol**® (Centrum), **Picasum**® (Centrum), **Ipsodol**® (Angelini), **Qytenza**® (Atellas Pharma), entre otros.

Capítulo 13.-

MSA que actúan en el Sistema Nervioso Central

Capítulo 13.- *MSA que actúan en el Sistema Nervioso Central*

1- Alcaloides del Cornezuelo del centeno. Ergolinas
2- MSA que actúan sobre los receptores
   serotoninérgicos
      2.1- MSA antimigraña
      2.2- MSA vasorreguladores cerebrales
      2.3- Alcaloides indolomonoterpenos
3- MSA que actúan sobre los receptores
   dopaminérgicos
      3.1- MSA antiparkinsonianos y
      antiprolactina
      3.2- Bromocriptina
      3.3- Apomorfina
4- MSA estimulantes: bases xánticas
5- MSA alucinógenos
6- MSA utilizados en el tratamiento del insomnio
7- MSA eméticos o vomitivos

1.- Alcaloides del Cornezuelo del centeno. Ergolinas

* Las ergolinas son alcaloides derivados del **ácido lisérgico**, abundantes en el hongo *Claviceps purpurea*. Otros hongos y especies de Convolvulaceae tambien los biosisntetizan. El parecido estructural entre dichos alcaloides y los neurotransmisores, **noradrenalina**, **dopamina** y **serotonina**, confieren a estos **MSA** efectos farmacológicos dispares.

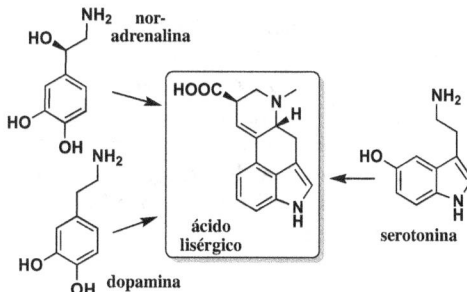

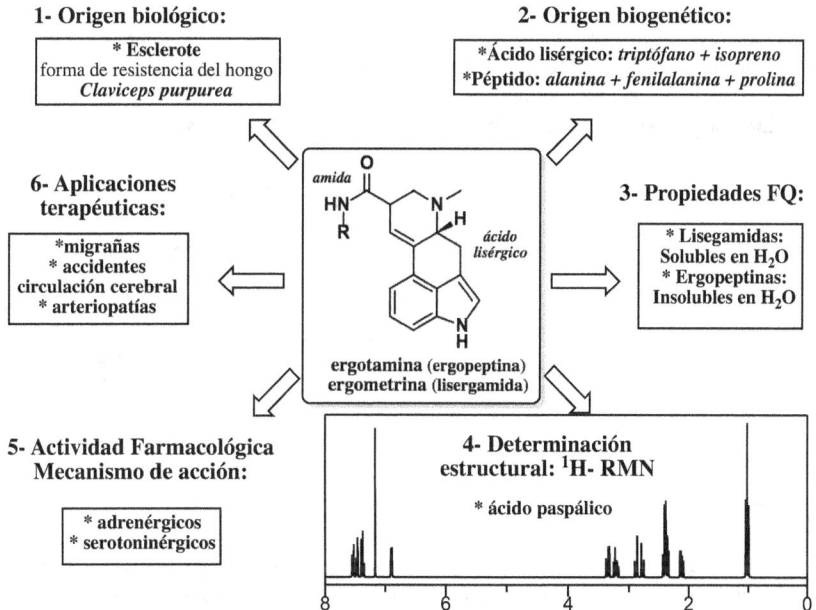

Ergotamina y ergometrina: "cabezas de serie" de alcaloides de tipo ergolina

Esclerote. Producción de alcaloides

* Los derivados del **ácido lisérgico**, se aíslan del Cornezuelo del centeno. Se trata de la forma de resistencia, esclerote, del hongo *Claviceps purpurea*, que parasita a ciertas Gramineae o Poaceae: semillas de cereales, entre ellas el centeno, responsable de la contaminación de la harina de pan provocando devastadoras epidemias en Europa hasta el siglo XIX.

* El hongo *Claviceps purpurea*, existe bajo dos formas: vegetativa y de resistencia. Esta última es la denominada esclerote y es la que se utiliza como **MP** para la obtención de alcaloides de tipo ergolina.

* El esclerote puede obtenerse por infección artificial del centeno, o mediante cultivo saprofítico de cepas seleccionadas de diversas especies de *Claviceps*. Por el primer método, unas siete semanas después de la inoculación de las espigas de centeno o maíz, se recolectan los esclerotes, con un rendimiento de 300 Kg/ha.

* La fermentación industrial, se hace con cepas seleccionadas de *C. purpurea* o de *C. paspalis*. Se debe mantener un pH de 5.5, que se consigue utilizando ácidos succínico o cítrico. Debe añadirse una cantidad precisa de sales de Zn, Fe, Cu. La oxigenación debe ser intensa. El contenido en fostatos también es importante. Para obtener mejores rendimientos en la producción de ergopeptinas, se añaden los aminoácidos adecuados, tanto el **triptófano** para generar el **ácido lisérgico**, como **prolina, fenilalanina, valina** o **alanina**, para inducir a la formación de la cadena peptídica. El rendimiento en ergopeptinas es de 1g/l de jugo de fermentación.

Estructura química

* Existen dos tipos de ergolinas: ergopeptinas y lisergamidas. Todas se biosintetizan a partir del **triptófano** y de una molécula de **isopreno**. El **ácido lisérgico**, el metabolito a partir de la cual se biosintetizan todos los alcaloides del Cornezuelo del centeno, tiene como precursores la **agroclavina** y el **ácido paspálico** [véase Capítulo 4, apdo 3.5].

agroclavina **ácido paspálico** **ácido lisérgico**

* Las lisergamidas, se obtienen por condensación del **ácido lisérgico** y una hidroxilamina de cadena corta. En las ergopeptinas tres aminoácidos, uno de ellos es siempre la **prolina**, se condensan mediante enlace amídico al **ácido lisérgico**. Las lisergamidas representan el 20 % y las ergopeptinas el 80 % de los alcaloides del Cornezuelo del centeno. Pequeñas modificaciones estructurales dan lugar a moléculas con gran selectividad de acción.

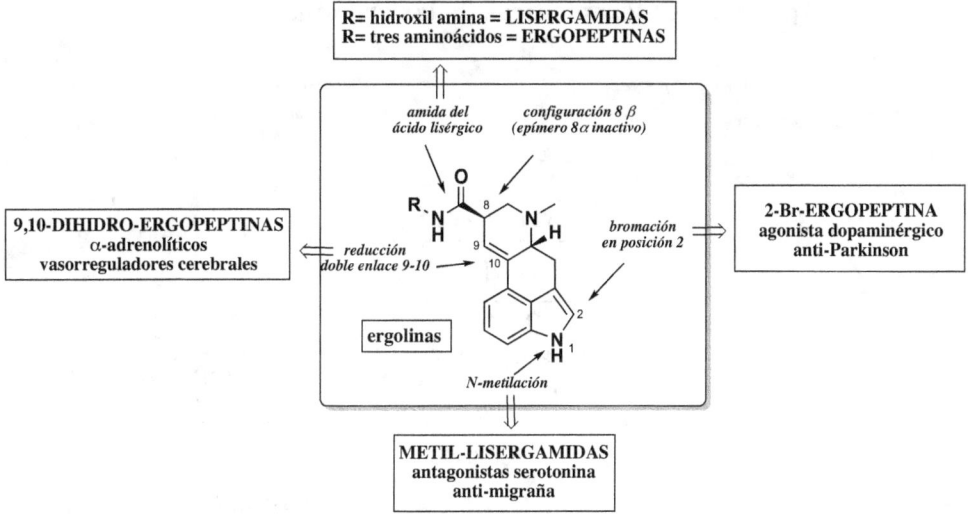

Rasgos estructurales característicos de ergolinas

RMN de ergolinas

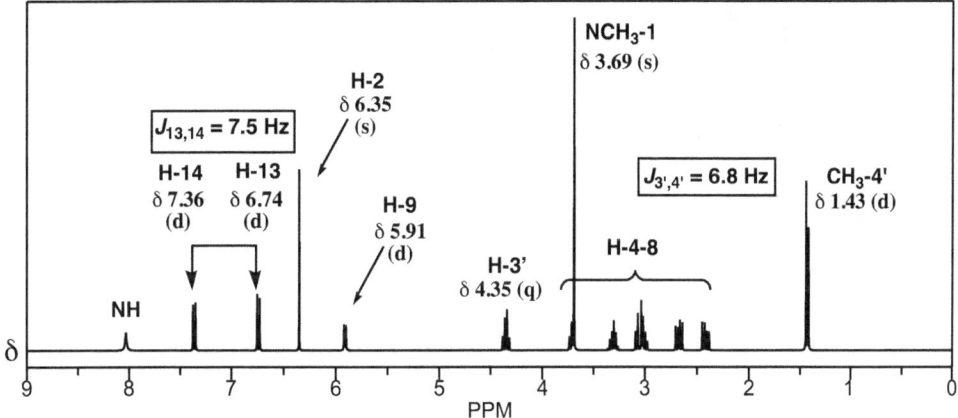

Aplicaciones terapéuticas de las ergolinas

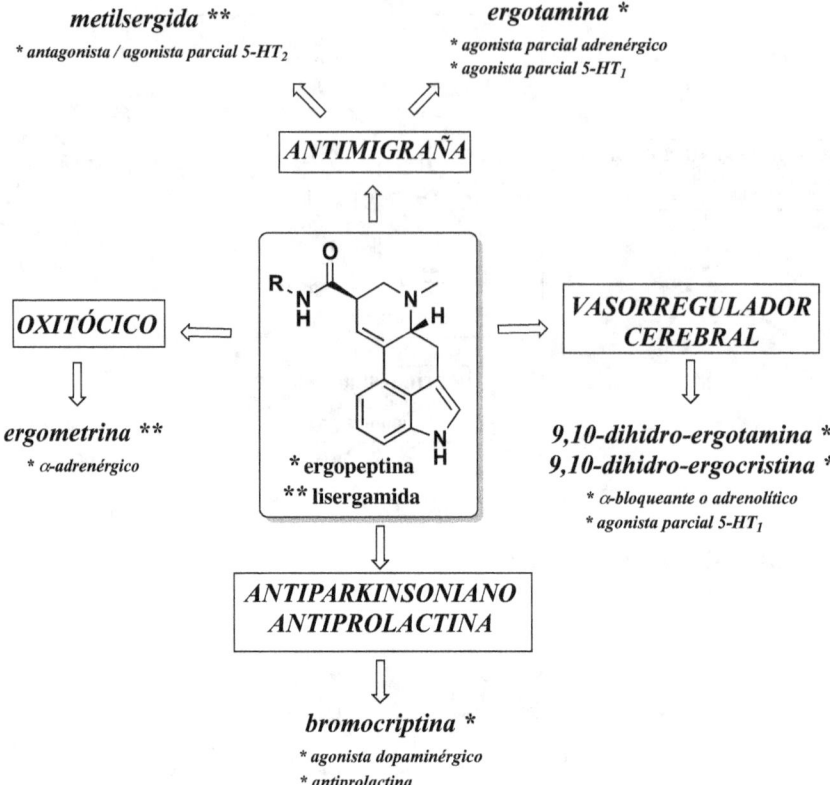

metilsergida **
* *antagonista / agonista parcial 5-HT$_2$*

ergotamina *
* *agonista parcial adrenérgico*
* *agonista parcial 5-HT$_1$*

ANTIMIGRAÑA

OXITÓCICO

ergometrina **
* *α-adrenérgico*

* ergopeptina
** lisergamida

VASORREGULADOR CEREBRAL

9,10-dihidro-ergotamina *
9,10-dihidro-ergocristina *
* *α-bloqueante o adrenolítico*
* *agonista parcial 5-HT$_1$*

ANTIPARKINSONIANO ANTIPROLACTINA

bromocriptina *
* *agonista dopaminérgico*
* *antiprolactina*

2.- MSA que actúan sobre los receptores serotoninérgicos

2.1.- MSA antimigraña

* La migraña se produce como consecuencia de problemas neurovasculares que se manifiestan por una cefalea acompañado con frecuencia de nauseas, cambios de humor, sonofobia y fotofobia. La liberación de **serotonina**, provoca vasodilatación arteriolar e inflamación dolorosa.

* La **ergotamina** es un agonista parcial de receptores adrenérgicos y un agonista parcial de receptores serotoninérgicos (5-HT$_1$). Este potente vasoconstrictor, es el alcaloide mayoritario del hongo *Claviceps purpurea*, causante principal de producir gangrena en personas que consumieron pan contaminado con el hongo. Bloquea la transmisión nerviosa trigeminal. Se utiliza en las crisis agudas de migraña.

Ergopeptina

L-prolina
L-fenil alanina
L-alanina
ácido lisérgico
ergotamina

Lisergamidas

hidroxil-amida
ácido lisérgico
ergometrina
(= ergobasina)

hidroxil-amida
ácido lisérgico
metilsergida

* **Metilsergida**. Es un antagonista / agonista parcial de receptores 5-HT$_2$. Inhibe la liberación de la histamina. Se obtiene por semisíntesis a partir de **ergometrina**, lisergamida minoritaria del Cornezuelo del centeno. Se utiliza en la profilaxis de migrañas.

* La **ergometrina** no se utiliza como antimigraña, al ser α–adrenérgico, se utiliza como oxitócico, aumenta el tono y la frecuencia de contracción del útero en el momento del parto.

2.2.- MSA vasorreguladores cerebrales

* Trastornos vasculares cerebrales, producidos por accidentes o por envejecimiento cerebral. El tratamiento puede consistir en utilizar vasodilatadores periféricos.

* La **dihidro-ergotamina** y la **dihidro-ergocristina**, son adrenolíticos o α-bloqueantes post-sinápticos y agonista parcial serotoninérgicos (5-HT$_1$). Utilizados en hipotensión ortostática, arteriopatías y accidentes vasculares cerebrales. Asociados con alcaloides indolomonoterpenos, como veremos en el apartado siguiente, se utilizan en el déficit cognitivo y neurosensorial.

* La **nicergolina**, es un análogo de síntesis de las ergolinas, utilizada también como vasorregulador cerebral, en el déficit intelectual de personas mayores.

Ergopeptinas

L-prolina
L-fenil alanina
L-alanina
dihidro-ergotamina

L-prolina
L-fenil alanina
L-valina
dihidro-ergocristina

← ácido → 9,10-dihidrolisérgico

Ergolina sintética

Br
nicergolina

2.3.- Alcaloides indolomonoterpenos

* Los alcaloides indolomonoterpenos agonistas o antagonistas adrenérgicos, **reserpina**, **rescinamina** y **ajmalina**, fueron de gran aplicación terapéutica en el pasado, pero debido a sus efectos secundarios se han dejado de utilizar. Actualmente, tienen aplicación terapéutica **yohimbina**, **ajmalicina** y sobre todo **vincamina**. Todos ellos se biosintetizan a partir de la **triptamina** y el **secologanósido [véase Capítulo 4, apdo 3.2]**.

yohimbina   ajmalicina   vincamina

* La **yohimbina** es el alcaloide mayoritario de las cortezas del árbol africano *Corynanthe yohimbe*, Rubiaceae. Al ser un potente vasodilatador periférico, se utiliza como afrodisíaco y en la disfunción eréctil. Se trata de un **MSA** adrenolítico, antagonista selectivo de receptores α_2-adrenérgicos presinápticos.

* La **ajmalicina** o **rubasina**, aislada en las hojas de *Catharanthus roseus*, Apocynaceae, y la **vincamina**, indolomonoterpeno de esqueleto eburnano, abundante en las hojas de *Vinca minor*, Apocynaceae, son vasorreguladores cerebrales al mostrar efectos α-bloqueantes. Se utilizan en el déficit intelectual de personas mayores, asociados a las **9,10-dihidro-ergopeptinas**.

3.- MSA que actúan sobre los receptores dopaminérgicos

3.1.- MSA antiparkinsonianos y antiprolactina

* En la enfermedad de Parkinson se produce una destrucción de las neuronas dopaminérgicas a nivel de la sustancia negra, lo que se traduce por un déficit en **dopamina** en el cuerpo estriado, junto a una hiperactividad colinérgica. La degeneración de neuronas dopaminérgicas da lugar a los síntomas motores, mientras que una neurodegeneración más generalizada causaría demencia y depresión.

* La prolactina es una hormona hipofisaria secretada por las células lactótropas (mamótropas) de la hipófisis anterior. Estas células aumentan en el embarazo. La principal función de la prolactina es el control de producción de leche.

* Los agonistas de los receptores dopaminérgicos, especialmente los agonistas D_2, como **bromocriptina** y **apomorfina**, se utilizan en terapéutica en la enfermedad de Parkinson.

3.2.- Bromocriptina

* Es una ergopeptina semisintética. Se trata de la 2-Br-ergocriptina, agonista de los receptores dopaminérgicos postsinápticos. Se utiliza, asociada a otros dopaminérgicos como la **L-DOPA** en el síndrome del Parkinson. Análogos de síntesis como **lisurida** presentan la misma indicación.

* La **bromocriptina** es también antiprolactina, se utiliza en casos de hiperprolactinemia, en problemas graves del ciclo mestrual. Además después del embarazo es capaz de interrumpir la lactancia. Se absorbe bien por vía oral. La **cabergolina**, es una ergolina sintética que presenta esa misma indicación terapéutica.

| **Ergopeptina** | **Ergolinas sintéticas** |

bromocriptina   lisurida   cabergolina

3.3.- Apomorfina

* Las aporfinas son un grupo de alcaloides IQ biosintetizados a partir de dos moléculas de **tirosina**, primero mediante una reacción tipo-Mannich generando el anillo nitrogenado y el esqueleto bencil-tetrahidroisoquinoleína (BTHIQ), seguido de un acoplamiento oxidativo *orto-para*, dando lugar al anillo bifenílico [**véase Capítulo 4, apdo 2.3**].

* De igual forma que numerosas IQ naturales, el parecido estructural de las aporfinas con la **dopamina**, les confiere afinidad por los receptores dopaminérgicos.

* La **apomorfina** es una aporfina semisintética, agonista de los receptores dopaminérgicos D_2. Se utiliza en terapéutica en enfermos de Parkinson, cuando la terapia dopamínica no ha sido eficaz. Su administración mejora los temblores y la rigidez de dicha enfermedad neurodegenerativa. También se ha utilizado en la disfunción eréctil, al estimular la actividad dopaminérgica en el cerebro, aumentando el deseo sexual.

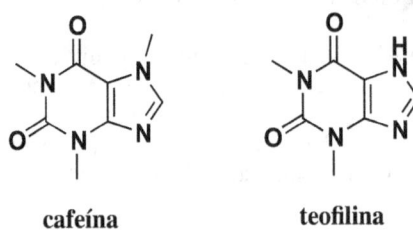

* La **apomorfina** se prepara a partir de la **morfina**, utilizando condiciones drásticas: ácido concentrado y alta temperatura.

morfina   apomofina

* Medicamentos **antimigraña**. Oral. **Ergotamina + cafeína**: **Cafergot**® (Amdipharm), **Hemicraneal**® (Desma). **Metilsergida**: **Deseril**® (Novartis).

* Medicamentos **vasorreguladores cerebrales**. Oral. **Dihidro-ergocristina**: **Diertine Forte**® (Tora Lab). **Vincamina: Vinpocetina**® (Covex). **Nicergolina: Sermion**® (Pfizer), entre otros.

* Medicamentos **dopaminérgicos**. Oral. **Bromocriptina**: **Parlodel**® (Meda Pharma). **Cabergolina: Dostinex**® (Pfizer). **Apomorfina: APO-go Pen** (Italfarmaco), **Apomorfina Archimedes** (Kyowa Kirin), entre otros.

4.- MSA estimulantes: bases xánticas

* Bebidas como Té, Café y Cacao, presentan compuestos con efectos estimulantes centrales: **cafeína** y **teofilina**. Una taza de Café o de Té cargadas, puede contener unos 70 mg de **cafeína**. Se trata de bases púricas compuestas por un anillo pirimidina y otro imidazol. No se biosintetizan a partir de aminoácidos, sino a partir de bases púricas [**véase Capítulo 4, apdo 4**]. Además presentan solubilidades particulares: son solubles en agua caliente y en disolventes orgánicos de polaridad media. Por todo ello, las bases xánticas, como en el caso de la **colchicina**, pueden considerarse como pseudoalcaloides.

* La semillas de Café, se recolectan de especies de diferentes Rubiaceae del género *Coffea, C. arabica* sobre todo, y contienen 1-2 % de **cafeína**. En las hojas de Té, *Camellia sinnesis*, Theaceae, el contenido en **cafeína** es del 2-4 %. Otras **MP** con **cafeína** son: semillas de Cacao (*Theobroma cacao*, Malvaceae), hojas de Mate (*Ilex paraguariensis*, Aquifoliaceae) y semillas de Guaraná (*Paullinia cupana*, Sapindaceae).

* Efectos farmacológicos: estimulante del SNC, diurético, estimulante del miocardio, relajante de la musculatura lisa, especialmente bronquial. Actúan como antagonistas de los receptores purinérgicos, en parte inhibiendo la fosfodiesterasa, por lo que sus efectos son muy parecidos a los de los agonistas de receptores β-adrenérgicos. También bloquean los receptores de adenosina, lo que parece ser la causa de los efectos estimulantes del SNC.

cafeína   teofilina

* Con la **cafeína** y **teofilina**, se experimenta una disminución de la sensación de fatiga, con mejoría de la concentración y agudeza mental. Producen insomnio, pero no euforia como la **anfetamina**, y un cierto grado de tolerancia y hábito.

* Indicaciones terapéuticas. La **cafeína** asociada a la **aspirina**, se utiliza en casos de cefaleas y otros dolores. Con la **ergotamina** se utiliza contra la migraña. En ambos casos se persigue mejorar el estado de alerta. Se usa también en apnea del prematuro. La **teofilina**, en forma de **aminofilina** (complejo con **etilenodiamina**), se utiliza como broncodilatador, en episodios graves de asma.

* Medicamentos. Oral. **Cafeína: Durvitan Retard®** (Anotaciones Farm), **Peyona®** (Chiesi). **Teofilina: Teremol Retard®** (Aldo Union), **Eufilina Venosa®** (Takeda), entre otros.

5.- MSA Alucinógenos

* El **LSD**, es un alucinógeno semisintético obtenido al tratar el **ácido lisérgico** con la **dietilamina**. Se trata de un psicodisléptico o psicomimético que provoca alteración de la percepción por transformación de la vía serotoninérgica. Afecta al pensamiento, a las percepciones y al estado de ánimo, sin producir estimulación o depresión, que tienden a distorsionarse y a asemejarse a sueños. No causan dependencia. Al ser administrado, puede producir midriasis, taquicardia y temblores. También vulnerabilidad al pánico, ansiedad, miedo a la muerte y a la locura.

* Tanto el **LSD** como otros alucinógenos naturales, **psilocibina**, **mescalina y harmano**, son agonistas de los receptores 5-HT$_2$. La **psilocibina** se desfosforila dando **psilocina** que es la forma activa. Sólo la **mescalina** se biosínteiza a partir de la **tirosina**, los demás a partir del **triptófano [véase Capítulo 4, apdos 2.1 y 3.1]**.

psilocina
[hongo "teonanacatl"
Psilocybe, Agaricaceae]

mescalina
[hongo "peyote"
Lophophora williamsii,
Cactaceae]

LSD
[Derivado del
ácido lisérgico]

Alucinógenos

harmano
["Ayahuasca", cortezas de
Banisteriopsis caapi, Malpighiaceae]

6.- MSA utilizados en el tratamiento del insomnio

* **Melatonina** o *N*-**acetil-5-metoxitriptamina** se sintetiza en la glándula pineal, que es la glándula endocrina que interviene en el ritmo circadiano. Es aquí donde la **5-HT** o **serotonina**, se convierte en **melatonina**, mediante *N*-acetilación y *O*-metilación.

serotonina
(5-HT)
melatonina
agomelatina
ramelteón

* Los receptores de la **melatonina**, MT₁ y MT₂, están acoplados a proteínas G, y se localizan en el encéfalo, la retina y los tejidos periféricos. La secreción de **melatonina** se eleva durante la noche y disminuye durante el día. El ritmo está controlado por impulsos noradrenérgicos generados por la retina y que terminan en el hipotálamo, en una estructura denominada "reloj biológico", que es la que genera el ritmo circadiano.

* La **melatonina** tiene propiedades antioxidantes y quizás sea neuroprotectora en enfermedades de Parkinson y Alzheimer. Se absorbe bien por vía oral pero se metaboliza rápido. Se utiliza en el "jet lag" y para mejorar el rendimiento de trabajadores por turnos. También en el tratamiento de insomnio en ancianos.

* Dentro de los análogos de **melatonina** que recientemente se han comercializado, caben destacar **ramelteón**, agonista MT₁ y MT₂, utilizado en el tratamiento del insomnio, y **agomelatina**, también agonista MT₁ y MT₂, y además antagonista de 5-HT₂C, un nuevo antidepresivo.

* Medicamentos. Oral. **Melatonina: Circadin®** (Juste). **Agomelatina: Valdoxan®** (Servier), entre otros.

7.- MSA eméticos o vomitivos

* La **emetina** es un alcaloide bis-IQ monoterpénico, aislado en las raíces de Ipecacuana, *Cephaelis ipecacuana*, Rubiaceae. Se biosintetiza a partir de **dopamina** y **secologanósido** [véase Capítulo 4, apdo 2.7]. Tiene propiedades amebicidas y eméticas.

* La acción vomitiva o emética se debe a una estimulación de los centros bulbares implicando a los receptores serotoninérgicos. La **emetina** se utiliza en casos de envenenamiento e intoxicaciones por medicamentos, aunque se prefiere casi siempre el lavado gástrico.

* Medicamento. Oral. **Ipecacuana®** (F. Magistral).

emetina

Capítulo 14.-

Cannabinoides

Capítulo 14.- *Cannabinoides*

1- Receptores de cannabinoides
2- *Cannabis sativa* va. *indica*
3- Cannabinoides

1.- Receptores de cannabinoides

* El componente psicoactivo del Cáñamo indiano, **tetrahidrocannabinol (Δ^9-THC)**, es lipófilo, de absorción rápida, y se une a los receptores específicos CB_1, que están acoplados a proteínas G. Estos receptores se localizan en las membranas plasmáticas de las terminaciones nerviosas y son abundantes en el encéfalo.

Δ^9-THC   anandamida   2-araquidonilglicerol

* El ligando endógeno del receptor CB_1 o endocannabinoide, es la **anandamida**. Se trata, como en el caso de los ligandos endógenos del receptor de la **capsaicina**, de una amida del **ácido araquidónico [véase Capítulo 12, apdo 6]**. Recientemente se ha descubierto un segundo endocannabinoide: **2-araquidonilglicerol**. El segundo tipo de receptores cannabinoides son los CB_2, caracterizados en los macrófagos donde juegan un papel inmuno-modulador. Se localizan en tejidos periféricos como el tejido linfoide: bazo, amígdalas y timo.

2.- *Cannabis sativa* var. *indica*

* Planta utilizada desde la antigüedad en la medicina Ayurveda. Aunque el consumo está prohibido, en la actualidad hay cada vez más países que toleran o despenalizan su consumo, y hay cada vez más preparados a base de **cannabinoides** que tienen utilidad terapéutica.

* Los pelos secretores conteniendo la resina (concentrado de cannabinoides), son especialmente abundantes en la inflorescencia hembra: tricomas glandulares. Estos tienen sin duda un papel protector en la planta contra los insectos. Al microscopio se pueden observar además de pelos secretores curvados, otros con un cristal de carbonato cálcico en la base (cistolito).

* La "hierba" (marihuana), sumidades floridas femeninas, contiene 2-6 % de **THC**. La "resina" (haschich), contiene 5-20 % de **THC**. Ambas formas se fuman mezcladas con tabaco. El "aceite" se obtiene por extracción en soxhlet, y puede contener más del 50 % en **THC**.

3.- Cannabinoides

* Son **MSA** exclusivos del Cáñamo. Se trata de terpenofenoles de metabolismo mixto: una parte monoterpénica y otra derivada del **acetíl-CoA [véase Capítulo 3, apdo 2.4]**. El Δ⁹-THC es el que posee propiedades psicoactivas. Otros componentes con interés terapéutico son: **cannabinol (CBN)** y **cannabidiol (CBD)**. En la planta fresca se encuentran con un grupo ácido carboxílico en position 2.

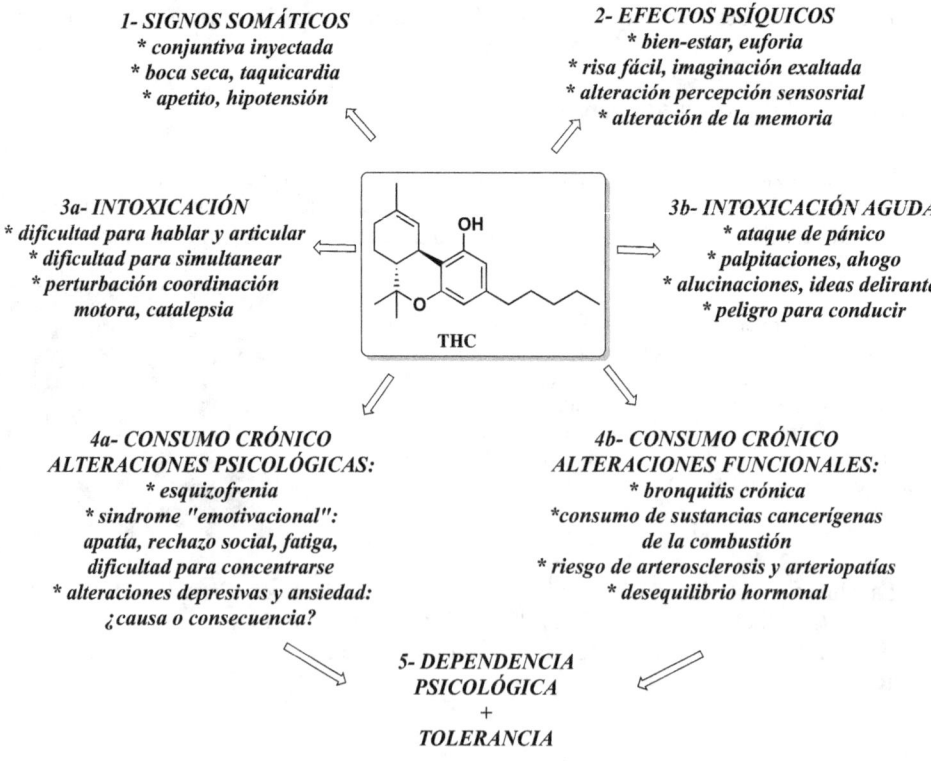

Aislamiento y determinación estructural de THC y análogos

* Los cannabinoides al ser apolares se pueden extraer en soxhlet con hexano **[véase Capítulo 2, Ejercicio 1]**. También con fluidos supercríticos. Para obtener algunos preparados a base de Cáñamo se utiliza el gas butano.

* RMN de cannabinoides: **[véanse Apéndices 1 y 2, Ejercicio 11]**.

Efectos producidos por el THC

1- SIGNOS SOMÁTICOS
* *conjuntiva inyectada*
* *boca seca, taquicardia*
* *apetito, hipotensión*

2- EFECTOS PSÍQUICOS
* *bien-estar, euforia*
* *risa fácil, imaginación exaltada*
* *alteración percepción sensosrial*
* *alteración de la memoria*

3a- INTOXICACIÓN
* *dificultad para hablar y articular*
* *dificultad para simultanear*
* *perturbación coordinación motora, catalepsia*

3b- INTOXICACIÓN AGUDA
* *ataque de pánico*
* *palpitaciones, ahogo*
* *alucinaciones, ideas delirantes*
* *peligro para conducir*

4a- CONSUMO CRÓNICO ALTERACIONES PSICOLÓGICAS:
* *esquizofrenia*
* *sindrome "emotivacional": apatía, rechazo social, fatiga, dificultad para concentrarse*
* *alteraciones depresivas y ansiedad: ¿causa o consecuencia?*

4b- CONSUMO CRÓNICO ALTERACIONES FUNCIONALES:
* *bronquitis crónica*
* *consumo de sustancias cancerígenas de la combustión*
* *riesgo de arterosclerosis y arteriopatías*
* *desequilibrio hormonal*

5- DEPENDENCIA PSICOLÓGICA
+
TOLERANCIA

Propiedades farmacológicas e indicaciones de cannabinoides

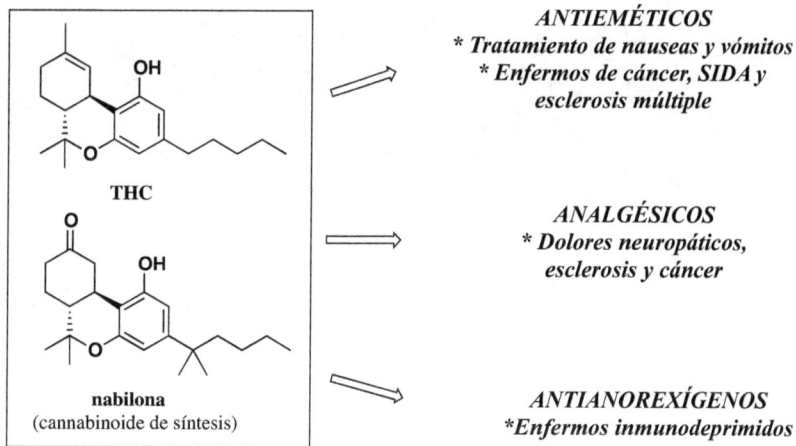

ANTIEMÉTICOS
* *Tratamiento de nauseas y vómitos*
* *Enfermos de cáncer, SIDA y esclerosis múltiple*

ANALGÉSICOS
* *Dolores neuropáticos, esclerosis y cáncer*

ANTIANOREXÍGENOS
Enfermos inmunodeprimidos

* **CBD**: indicado en ciertos casos de epilepsia. Ha mostrado también propiedades antiinflamatorias, por lo que puede considerarse como un antiartrítico potencial.

* Medicamentos. Oral. **Nabiximoles:** asociación **THC + CBD: Sativex**® (Almiral). **Dronabinol: THC** síntesis**: Marinol**® (AbbVie). **Nabilona: Nabilone**® (Cambridge). **Cannabidiol (CBD): Epidiolex**® (GW Pharma).

Sección III. *MSA utilizados en el tratamiento de infecciones, cancer, inmunomoduladores y antivirales*

Capítulo 15.-

MSA Antipalúdicos

Capítulo 15.- *MSA Antipalúdicos*

1- Paludismo
2- Quinina
3- Artemisinina

1.- Paludismo

* El paludismo es el responsable de la muerte de dos millones de personas al año en países tropicales de América, Africa y Asia. Está producido por los protozoos *Plasmodium vivax* y *P. falciparum*. Infectan al huésped a través de la picadura de la hembra del insecto *Anopheles*, transmitiéndole los "esporozoitos" o formas asexuadas del parásito. Al llegar al hígado se transforman en: "esquizontes" (etapa pre-eritrocitaria), que liberan "merozoitos", que son los que infectan a los eritrocitos y producen la fiebre: "ciclo eritrocítico". También hay etapa exoeritrocitaria. Algunos "merozoitos" se transforman en "gametocitos", forma sexual del parásito. Cuando los ingiere el mosquito, da lugar a las fases posteriores del ciclo vital del parásito dentro del insecto.

* Producen paludismo terciario, que es el que da fiebre cada tres días. *P. vivax*, causa un paludismo terciario benigno, mientras que *P. falciparum* produce paludismo terciario maligno y carece de etapa exoeritrocítica.

2.- Quinina

* Es el alcaloide mayoritario de las cortezas de quina, árbol de origen andino perteneciente a especies del género *Cinchona*, Rubiaceae: *C. pubescens*, *C. succirubra*, *C. calisaya* y *C. ledgeriana*. El contenido en alcaloides de las cortezas de quina puede llegar al 15 %. Los mayoritarios son los diasteroisómeros **quinina** y **quinidina**. La **quinina**, es el responsable de la potente actividad antifebrífuga de los "polvos de la Condesa" utilizados en América desde el siglo XVII. Fue aislada por primera vez en 1820 por Pelletier y Caventou. La **quinidina** ha sido tratada anteriormente como antiarrítmico **[véase Capítulo 6, apdo 2]**.

Estructura química

quinina (8S,9R)   quinidina (8R,9S)

* Los alcaloides del grupo de la **quinina**, presentan un anillo quinoleína, unido a otro quinuclidina a través de un carbinol. Estos **MSA** se biosintetizan a partir de la **triptamina** y el **secologanósido**, como los alcaloides indolomonoterpenos, pero en este caso el anillo indólico se convierte en quinoleínico, y el segundo *N* de la **triptamina** se incorpora al anillo quinuclidínico **[véase Capítulo 4, apdo 3.3]**.

* La **quinina** da lugar a "sales básicas" (Q^{2+}, X^-) y "sales neutras" (Q^{2+}, $2X^-$). Las primeras corresponden al estado en el que se salifica solo en N quinuclidinico, que es el más básico de los dos, utilizando un equivalente de ácido monovalente. En las "sales neutras" se salifican ambos N, por lo que se comportan como una sal normal, soluble en agua, utilizando un exceso de ácido.

Aislamiento a partir de la MP natural

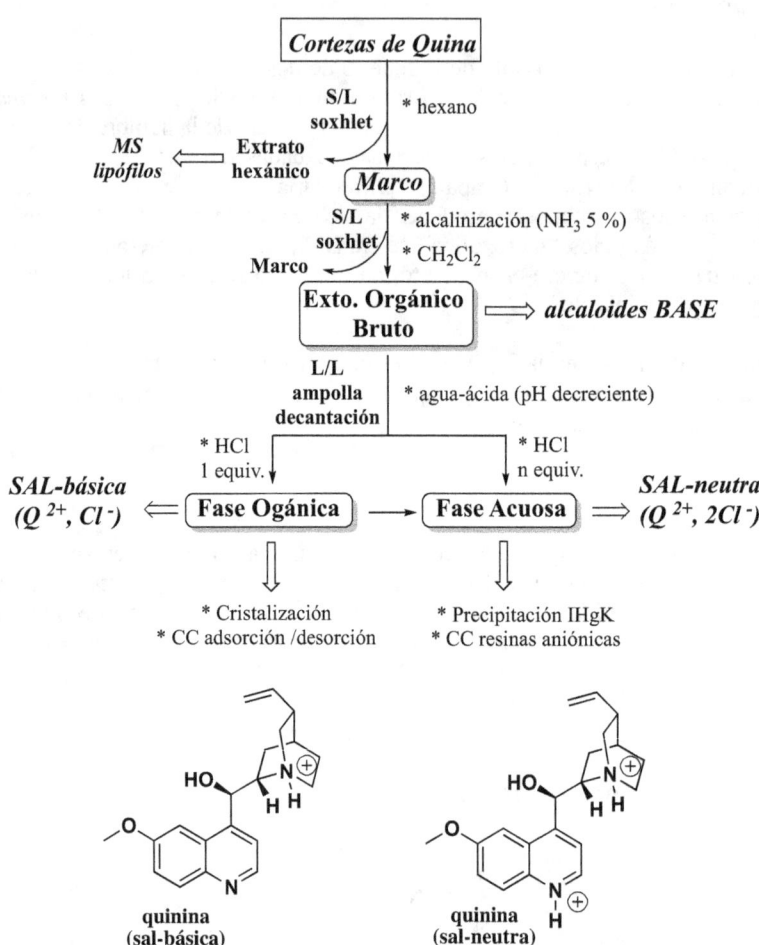

quinina
(sal-básica)

quinina
(sal-neutra)

Efectos farmacológicos e indicaciones terapéuticas

* Es un fármaco esquizonticida sanguíneo, eficaz sobre las formas eritrocitarias. Sin efecto sobre las formas exoeritrocíticas y sobre gametocitos. En la actualidad, es de elección frente al *P. falciparum*, debido a las resistencias a la **cloroquina**. La **quinina** muestra también actividad oxitócica, bloqueante neuromuscular y antipirética.

* Entre los efectos adversos cabe destacar el amargor del alcaloide, el efecto irritante gástrico, y si se administran altas dosis puede producir "cinconismo": nauseas, mareo, cefalea, visión borrosa. Se absorbe bien. En casos graves, se administra en perfusión de 600 mg durante 4 h., repitiendo el tratamiento cada 8h.

* Medicamentos. **Quinimax**® (Sanofi), **Quinine**® (Lafran).

3- Artemisinina

* Se trata de una sesquiterpeno lactona aislada a partir de las partes aéreas del Ajenjo chino (*qing hao*), en una concentración del 0.5 %. La planta pertenece a una Asteraceae de utilización tradicional contra las fiebres: *Artemisia annua*. En los años 70 el equipo de Tu Youyou en China, descubrió la **artemisinina**. En 2015 le fue concedido el premio Nobel de Medicina.

Estructura química

* Tres unidades de **isopreno** dan lugar al **farnesil difosfato**, precursor biogenético de sesquiterpenos, y por tanto de la **artemisinina [véase Capítulo 3, apdo 4.3]**. Presenta en su esqueleto una δ-lactona y un inusual grupo peróxido. Al ser lipófila, la **artemisinina** se extrae con hexano a partir del Ajenjo de China o de Vietnam, y del Ajenjo africano, de Tanzania o Kenia, recolectados al principio de la floración.

* Debido al problema de aprovisionamiento de **artemisinina**, se ha conseguido utilizar una levadura modificada genéticamente, *Saccharomyces cerevisae*, transfectada con genes de *Artemisia*, lo que ha dado lugar a la producción en grandes cantidades de **ácido artemisínico** precursor (25 g por litro de mosto de fermentación), a partir del cual se prepara **artemisinina** por fotooxidación.

ácido artemisínico   artemisinina

Efectos farmacológicos

* La **artemisinina**, es un esquizonticida sanguíneo de acción rápida. Eficaz en los ataques agudos del *Plasmodium falciparum*. Los derivados solubles, **artemeter** y **artesunato**, presentan mayor actividad y se absorben mejor.

*Actúan sobre la fase endo-eritrocitaria del ciclo del parásito, inhibiendo una ATPasa dependiente de Ca^{++}. El puente endoperóxido sería el farmacóforo, y actuaría sobre el Fe intracelular. De esta forma se generarían radicales libres nocivos para el parásito, cuyas proteínas serían alquiladas con rapidez y las estructuras membranares alteradas. Además formarían aductos con la hemina (ferriprotoporfirina).

artemeter   artesunato sódico   dihidroartemisinina

* El **artesunato sódico** se administra por vía intravenosa, el **artemeter** por vía oral e intramuscular. Se absorben rápidamente. En el hígado se convierten en **dihidroartemisinina** que es el compuesto activo. Se administra combinados con otros antimaláricos. El **artesunato** está recomendado por la OMS.

Terapéutica antipalúdica

* Paludismo no complicado y durante el embarazo:
- **Quinina** asociada con otros antipalúdicos de síntesis, como **cloroquina**.
- Alternativa: **mefloquina** y **artesunato.**

* Paludismo grave:
- **Artesunato, quinina** y **quinimax** (alcaloides de la Quina)
- Asociación: **dihidroartemisinina / piperaquina**

cloroquina   mefloquina   piperaquina

Antipalúdicos de síntesis inspirados en la estructura de la quinina

Capítulo 16.-

MSA Antibióticos

Capítulo 16.- *MSA Antibióticos*

1- Penicilina
2- Obtención industrial
3- Mecanismo de resistencia a los antibióticos β-lactámicos

* La mayor parte de los antibióticos utilizados en terapéutica son de origen natural o han sido diseñadas en base a **MSA** que la naturaleza ha proporcionado. Desde que en 1928 <u>Fleming</u> publicara sus investigaciones acerca del descubrimiento del primer antibiótico, la **penicilina**, las innumerables investigaciones llevadas a cabo desde entonces, no han dado con una molécula, ni más original ni más eficaz en la lucha contra las infecciones bacterianas.

* Abordaremos en este capítulo la metodología utilizada para la obtención industrial de estos originales **MSA**, producidos por fermentación a través de cepas seleccionadas de hongos, en la mayor parte de los casos de los géneros *Penicilliun* y *Streptomyces*.

1.- Penicilina

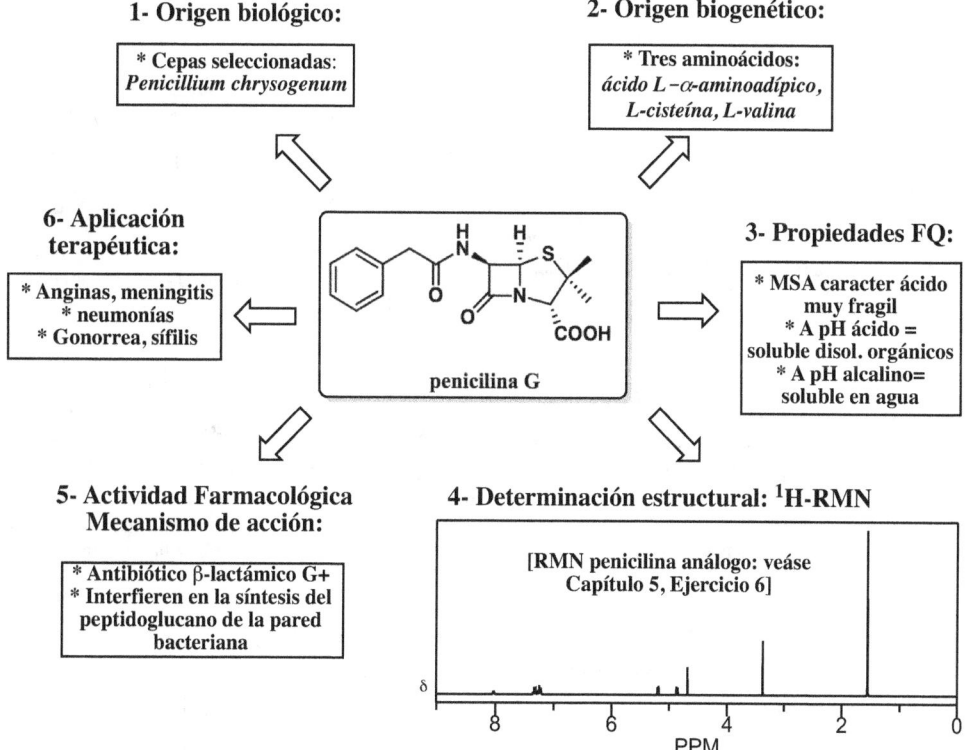

Penicilina G: "cabeza de serie" de antibióticos β-lactámicos

Estructura química

enlace amídico *β-lactama* *tiazolidina* *ácido carboxílico*

H H S
N
O
N
O
COOH

penicilina G
(bencilpenicilina)

Rasgos estructurales característicos de la penicilina

Biosíntesis de penicilina

* Tres aminoácidos, **cisteína**, **valina** y **lisina**, este último convertido en **α-aminoadípico** mediante una aminotransferasa, se condensan en varias especies de hongos del genero *Penicillium*, para dar lugar al **MSA** más original y a la vez de mayor repercusión en la terapéutica del ultimo siglo: la **penicilina**.

COOH
H_2N NH_2
L-lisina

amino transferasa

H_2N SH + H_2N
COOH COOH
L-cisteína *L*-valina

formación enlace peptídico
epimerización

H_2N SH
NH
O
HOOC

+ HOOC COOH NH_2
ácido L-α-aminoadípico

formación enlace peptídico

H_2N H H S
N
O
N
O
COOH
isopenicilina N

ciclación

H S Enz
N
O
NH

O_2
Enzima

H_2N H SH
COOH N
O NH
O
HOOC
ACV
[aminoadípico-cisteina-valina]

COOH
ácido fenilacético

acil transferasa

H_2N
COOH
COOH
ácido L-α-aminoadípico

H H S
N 5 1
6
O 7 N 3 2
O COOH
penicilina G

Mecanismo de acción

* La **penicilina** y los antibióticos β-lactámicos en general son capaces de unirse al péptidoglicano de la pared celular de las bacterias, a través del sitio activo, un resto de **serina**. La unión covalente que se produce impide la biosíntesis de la pared bacteriana de una forma irreversible.

2.- Obtención industrial

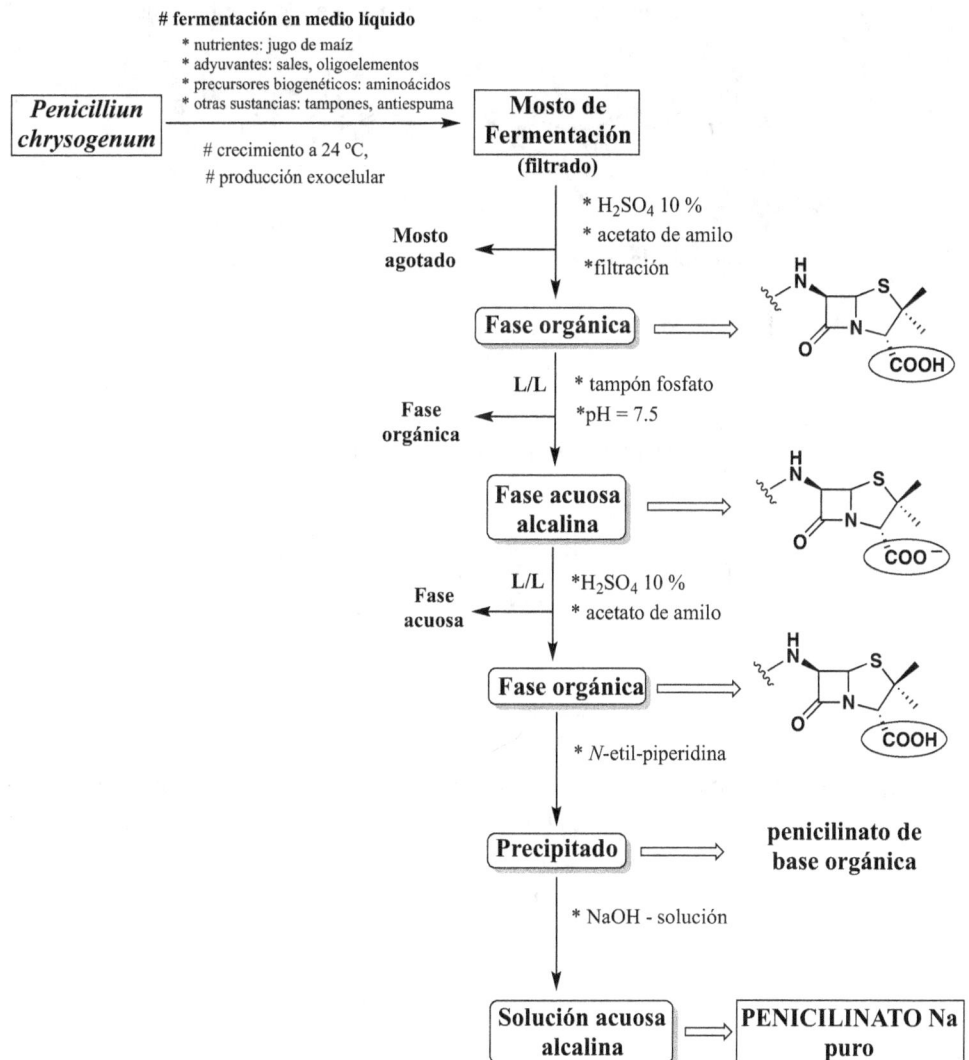

 # fermentación en medio líquido
* nutrientes: jugo de maíz
* adyuvantes: sales, oligoelementos
* precursores biogenéticos: aminoácidos
* otras sustancias: tampones, antiespuma

Penicilliun chrysogenum

crecimiento a 24 °C,
producción exocelular

Mosto de Fermentación
(filtrado)

* H_2SO_4 10 %
* acetato de amilo
* filtración

Mosto agotado

Fase orgánica

L/L   * tampón fosfato
*pH = 7.5

Fase orgánica

Fase acuosa alcalina

L/L   *H_2SO_4 10 %
* acetato de amilo

Fase acuosa

Fase orgánica

* *N*-etil-piperidina

Precipitado   penicilinato de base orgánica

* NaOH - solución

Solución acuosa alcalina   **PENICILINATO Na puro**

3.- Mecanismo de resistencia a los antibióticos β-lactámicos

* Los microorganismos son capaces de elaborar enzimas que desactivan la **penicilina**, se trata de las β-lactamasas o penicilinasas, capaces de hidrolizar la β-lactama de la misma forma que al tratarla en medio alcalino.

β-lactamasa (penicilinasa)

penicilina G

* Diversas **penicilinas** y **cefalosporinas** se han preparado para evitar la acción de las penicilinasas. **Fenoximetilpenicilina (penicilina V)** fue una de las primeras. Se obtuvo añadiendo **ácido fenoxiacético** en el medio de cultivo como inductor biogenético.

penicilina V
(fenoximetilpenicilina)

cefaclor
(cefalosporina de 2ª generación)

* El **ácido clavulánico,** es una oxazolidina β-lactámica producida en cultivos de *Streptomyces clavuligerus* [**véase Capítulo 2, Ejercicio 3**]. Tiene la capacidad de inhibir las β-lactamasas, por lo que se asocia con algunos β-lactámicos, como la **amoxicilina**. La **amoxicilina** es resistente a los ácidos y tiene amplio espectro dentro de los β-lactámicos, por lo que es el antibiótico más utilizado en terapéutica actualmente.

amoxicilina   **ácido clavulánico**

* Medicamentos. Parenteral. **Bencilpenicilina (penicilina G): Penibiot**[®] (Normon), **Penilevel**[®] (Ern). Oral. **Fenoximetilpenicilina (penicilina V): Penilevel Oral**[®] (Ern). **Cloxaciclina (resistente penicilinasa): Anaclosil**[®] (Reig Jofre). Oral. **Amoxicilina** (amplio espectro): **Amoxicilina Normon**[®] (Normon), entre otros.

Capítulo 17.-

MSA Antitumorales

Capítulo 17.- *MSA Antitumorales*

1.- Cáncer

* Al ser el cáncer una de las causas principales de mortalidad, la investigación se ha centrado en los últimos decenios, en buscar remedios eficaces. El cáncer consiste esencialmente en un desarrollo celular anárquico. Las células hijas anormales son capaces de proliferar invadiendo los tejidos sanos (metástasis).

* Fases del ciclo celular. Una de las dianas principales en la lucha contra el cáncer consiste en impedir la proliferación de las células anormales. Fase G_1: síntesis proteica y síntesis de RNA (replicación): Fase S: síntesis de DNA. Fase G_2: síntesis de proteínas y de RNA, preparación para la mitosis. Fase M: mitosis, división celular. Las células hijas pueden a continuación comenzar el ciclo o mantenerse fuera del ciclo en fase G_0.

* La quimioterapia antineoplásica emplea un número importante de moléculas de origen natural. Las estructuras de los **MSA** antitumorales eficaces contra algún tipo de **cáncer** son muy diversas. Se diría que la complejidad y diversidad de la enfermedad, requiere de remedios que van en el mismo sentido. Los **MSA** que veremos a continuación se agrupan en función de su mecanismo de inhibición celular.

2.- Inhibidores de las topoisomerasas

* Las topoisomerasas son enzimas capaces de cortar transitoriamente una hebra de DNA (topoisomerasa I) o las dos (topoisomerasa II), permitiendo su replicación. Actúan fijándose a la cadena de DNA por su residuo **tirosina** a nivel de los enlaces fosfodiésteres internucleotídicos, lo que permite la replicación del DNA. A continuación la enzima se desliga del DNA restituyendo su estructura. Los inhibidores de las topoisomerasas impiden que la enzima se desligue de DNA, por lo que se bloquea la replicación, provocando la muerte celular.

Camptothecina

* Es uno de los antitumorales de más reciente aparición. Se trata de un alcaloide quinoleínico aislado en las cortezas de un árbol oriental, *Camptotheca acuminata*, Nyssaceae. Como en el caso de la **quinina**, su biosíntesis comienza como la de los alcaloides indolomonoterpenos, es decir, teniendo a la **estrictosidina** como precursor. La transformación de un alcaloide indólico en uno quinoleínico, se lleva a cabo a través de la oxidación y ruptura del anillo pirrólico del indol [**véase Capítulo 4, apdo 3.3**].

camptothecina

topotecán

* La δ-lactona es imprescindible para la acción, así como el esqueleto pentacíclico. La **camptothecina** produce importantes efectos secundarios y su biodisponibilidad no es adecuada. Los derivados semisintéticos solubles son los que se utilizan en terapéutica: **irinotecán** y **topotecán**. El **irinotecán** ("prodroga") después de su administración, se transforma bajo el efecto de una esterasa en el derivado activo hidroxilado en posición 10, (al hidrolizarse el carbamato), que es el que inhibe a la topoisomerasa I.

irinotecán
("prodroga")

in vivo

* Indicaciones terapéuticas. **Irinotecán**, cáncer colorrectal con metástasis. **Topotecán**, cáncer de ovario recidivante.

* Medicamentos. Intravenosa. **Irinotecan**: **Irinotecán Aurovitas**® (Aurovitas), **Irinotecán Kabi**® (Fresenius Kabi). **Topotecán**: **Hycamtin**® (Novartis), **Topotecán Farmalider**® (Farmalider), entre otros.

Podofilotoxina

* Se extrae de las resinas del rizoma de Podofilo, *Podophyllum peltatum* y *P. emodi*, Berberidaceae. La **podofilotoxina**, es un lignano inhibidor de la tubulina, mecanismo antitumoral que veremos a continuación. Los lignanos se biosintetizan por condensación de dos moléculas de ácido **4-OH-cinámico** [véase **Capítulo 3, apdo 3.4**].

* La **podofilotoxina** no se utiliza en terapéutica debido a sus importantes efectos secundarios. Sin embargo dos derivados semisintéticos, **etopósido** y **tenipósido**, tienen gran aplicación terapéutica, siendo su diana la topoisomerasa II. Inhiben la acción de la enzima provocando la escisión en las hebras de DNA. Inhiben además el transporte de nucleótidos y su incorporación a los ácidos nucléicos El bloqueo de la división celular que provocan se produce en una etapa anterior que en el caso de los antimitóticos. Se prolonga la fase S y la G_2.

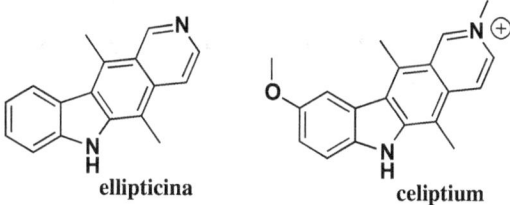

podofilotoxina   **tenipósido**   **etopósido**

* Indicaciones terapéuticas. **Etopósido**, tumor de testículo, cáncer microcítico de pulmón, enfermedad de Hodgkin, leucemia aguda monocítica.

* Medicamentos. Parenteral. **Etopósido Accord**® (Accord), **Vepesid**® (Bristol-Myers), entre otros.

Ellipticina

* Se extrae de las cortezas de *Ochrosia elliptica*, Apocynaceae. La **ellipticina** es un alcaloide indólico piridino-carbazol. El derivado cuaternario *O*-metilado, **celiptium** ("prodroga"), es el que se utiliza en terapéutica. Debido a su planeidad tiene un efecto intercalante además de ser inhibidor de la topoisomerasa II.

ellipticina   **celiptium**

* Como intercalante, se fija de forma covalente (después de una oxidación), sobre los azúcares de los nucleótidos del DNA y RNA. La forma quinona-imina obtenida en su metabolización oxidativa, sería el intermediario electrofílico responsable de la actividad. La forma cuaternaria hace que la molécula se intercale mejor entre las bases. Además se fija sobre la topoisomerasa II.

* Indicaciones terapéuticas. Cáncer de mama estrógeno-dependiente con metástasis y rinofaríngeo.

* Medicamento. Parenteral. **Celiptium**®

Antibióticos antitumorales

* Los glicósidos tetracíclicos se obtienen por fermentación a partir de diversas especies de *Streptomyces*. Actúan intercalándose entre las bases adyacentes de DNA, inhibiendo la enzima topoisomerasa II, lo que lleva a la ruptura de las hebras de DNA generando radicales libres que provocan toxicidad y muerte célular.

* **Doxorubicina** aislado de *Streptomyces peuceticus* y **daunomicina** de *S. coeruleorubicus*, son los más utilizados como antitumorales, en leucemias agudas, linfomas, y enfermedad de Hodgkin.

| daunorubicina o daunomicina | adriamicina o doxorubicina | actinomicina-D o dactinomicina |

* Se biosintetizan, como en el caso de los antracenósidos, mediante condensación cíclica de unidades de **acetil-CoA [véase Capítulo 3, apdo 2.4]**.

 * Otros antibióticos antitumorales que pueden destacarse, son los que presentan esqueleto fenoxacina, como **actinomicina-D**. Se trata de una molécula con un resto peptídico, aislada en *Streptomyces parvullus*, y biosintetizada a partir del aminoácido **triptófano** y el **ácido antranílico**. Es también intercalante, y se utiliza en el cáncer testicular, melanoma, sarcomas uterinos, entre otros.

* Medicamentos. Intravenosa. **Daunoblastina**® (Pfizer), **Doxorubicina Tedec**® (Tedec Meji), entre otros. **Actinomicina D**: **Lyovac Cosmegen**® (MS&D).

3.- Inhibidores de la tubulina

* Durante la mitosis, se produce la formación de los microtúbulos, es decir, la agregación de la proteína tubulina, que consta a su vez de dos cadenas α y β. Los inhibidores de la mitosis, actúan fijándose a la tubulina e impidiendo su polimerización para formar los microtúbulos. De esta forma interrumpen la división celular en metafase.

* Se puede seguir la cinética del equilibrio microtúbulos (agregación) – tubulina (desagregación), en una preparación de proteínas extraídas del cerebro de cerdo o de oveja, mediante la simple observación del aumento o disminución de la absorción de la luz a 350 nm. A 37 °C se favorece la formación de microtúbulos, a 0° C la de tubulina.

* Los principales **MSA** que se oponen a la formación de los microtúbulos (agregación) son **colchicina** y **vinblastina**. Los que se oponen a la formación de tubulina (desagregación), son **taxol** y **podofilotoxina**.

Vinblastina y vincristina

* Se trata de alcaloides bis-indólicos, aislados en las partes aéreas de la Vinca tropical, *Catharanthus roseus*, Apocynaceae, inhibidores de la agregación de tubulina en microtúbulos. Se biosintetizan por la misma ruta que los alcaloides indolomonoterpenos [**véase Capítulo 4, apdo 3.2**], es decir, a través del precursor **estrictosidina**. El ataque nucleofílico de la **vindolina**, al sistema iminio conjugado de **catharanthina** oxidada, da lugar a la formación del dímero bis-indólico **vinblastina**.

* Derivados semisintéticos de **vinblastina** y **vincristina**, son también muy utilizados en la quimioterapia antitumoral, **vindesina**, **vinflunina** y **vinorelbina**. La **vindesina** presenta modificaciones estructurales en el monómero **vindolina**, mientras que **vinorelbina** y **vinflunina**, las presentan sobre el monómero **catharanthina**.

* <u>Indicaciones terapéuticas</u>. **Vinblastina**: enfermedad de Hodgkin, linfomas linfocíticos, cáncer testicular avanzado, sarcoma de Kaposi. **Vincristina**: leucemia linfoblástica, mieloma múltiple, tumores sólido: cáncer de mama y cáncer de pulmón microcítico. **Vindesina**, indicaciones parecidas a **vincristina**. **Vinorelbina**: cáncer de pulmón no microcítico, cáncer de mama avanzado. **Vinflunina**, introducido recientemente en terapéutica, está indicado en cáncer refractario del tracto urotelial.

* <u>Medicamentos</u>. Parenteral. **Vinblastina y vincristina: Vinblastina**[®] (Stada), **Vincristina**[®] (Pfizer). **Vindesina: Enison**[®] (Stada). **Vinflunina: Javlor**[®] (Pierre Fabre). **Vinorelbina: Navelbine**[®] (Pierre Fabre), **Vinorelbina Sandoz**[®] (Sandoz), entre otros.

Taxol y taxotere

* Se trata de diterpenos, aislados en las cortezas del Tejo, *Taxus brevifolia*, Taxaceae, descubierto en los años 60 por Wani, Wall y Tailor. Se biosintetizan a patir de un esqueleto muy poco frecuente en la naturaleza, el diterpeno **taxadieno [véase Capítulo 3, apdo 4.4]**.

* Gracias al aislamiento en las hojas del tejo de un precursor inactivo del **taxol**, **baccatin-III**, pudo prepararse sin necesidad de utilizar las cortezas, un análogo semisintético del taxol, **taxotere**. Recientemente, otro derivado semisintético se ha introducido en terapéutica: **cabazitaxel.**

* Estos diterpenos provocan una excesiva polimerización de los microtúbulos que se hacen metaestables y no permiten la mitosis, efecto contrario a la **vinblastina**, sobre la misma diana biológica.

* <u>Indicaciones terapéuticas</u>. Cáncer de ovario, cáncer de mama, cáncer de pulmón, cáncer de esófago. Cáncer de próstata metastásico hormono resistente.

* <u>Medicamentos</u>. Parenteral. **Taxol**: **Paclitaxel Kabi®** (Fresenius Kabi). **Taxotere**: **Docetaxel®** (Aurovitas), **Taxotere®** (Sanofi-Aventis). **Cabazitaxel: Jevtana®** (Sanofi-Aventis), entre otros.

taxol

taxotere

cabazitaxel

4.- Anticuerpos monoclonales

* Se unen a receptores en la célula tumoral, haciéndola más visible al sistema inmune. También se unen a receptores para señales de crecimiento en las células cancerosas, o bloquean el factor de crecimiento endotelial vascular (VEGF). Otros anticuerpos monoclonales pueden vehicular partículas radiactivas o quimioterápicas dirigidas a las células neoplásicas de forma altamente selectiva.

* Producción: La elaboración de la técnica de hibridomas llevada a cabo por Milstein y Köhler en 1975, ha permitido obtener una gran cantidad de anticuerpos a bajo coste y con numerosas aplicaciones.

* Indicaciones terapéuticas. Cáncer metastático de colon, cáncer de mama, cáncer de pulmón, cáncer renal, cáncer de ovario.

* Medicamentos. Intravenosa. **Bevacizumab**: anticuerpo monoclonal recombinante humano. **Avastin**® (Roche Farma). **Cetuximab: Erbitux**® (Merck), entre otros.

5.- Antitumorales de origen marino

Trabectedina

* Se extrae del tunicado marino *Ecteinascidia turbinata*, de origen caribeño. Se biosintetiza a partir de tres unidades de **tirosina**. Dos de ellas se dimerizan en primer lugar, condensándose a continuación mediante una reacción tipo Mannich para dar lugar a uno de los precursores del MSA **trabectedina, cianosafracina B**.

Síntesis biomimética de cianosafracina B

* Actualmente la estructura de **trabectedina** se obtiene a patir de una bacteria, *Pseudomonas fluorescens*, que biosintetiza **cianosafracina B** por fermentación. A continuación, la **cianosafracina B** se utiliza como producto de partida hasta llegar por síntesis a al estructura de **trabectedina (Yondelis®)**.

* Mecanismo de acción. Se une al surco menor del DNA interfiriendo en los mecanismos de división celular, transcripción genética y reparación del DNA. Al unirse al surco menor, la **trabectedina** hace que la hélice del DNA se doble hacia el surco mayor, lo que provoca una preturbación en el ciclo celular.

cianosafracina B
Pseudomonas fluorescens

trabectedina
Ecteinascidia turbinata

* Indicaciones terapéuticas. Sarcoma de tejidos blandos en estado avanzado. En combinación con **doxorubicina**, para el cáncer de ovario recidivante sensible al platino.

* Medicamento. Parenteral. **Trabectedina: Yondelis®** (Pharma Mar).

Capítulo 18.-

MSA Inmunomoduladores y Antivirales

Capítulo 18.- *MSA Inmunomoduladores y Antivirales*

1- Inmunosupresores
2- Antivirales inhibidores de la neuraminidasa

1.- Inmunosupresores

* Los inmunosupresores inhiben la hiperactividad del sistema inmune. Se utilizan en trasplantes atenuando las reacciones de rechazo y en enfermedades autoinmunes. Disminuyen la acción de células inmunes, por lo que provocan efectos indeseables relacionados con un aumento del riesgo de infecciones y de cáncer.

Ciclosporina

* Es un péptido cíclico de once aminoácidos producido por el hongo *Tolypocladium inflatum*. Fue descubierto en 1972 en la empresa farmacéutica Sandoz (actualmente Novartis). Además de en transplantes, la **ciclosporina** se utiliza en psoriasis y en dermatitis atópica. Su estructura presenta varios aminoácidos *N*-metilados, siendo el más común el ***L*-α-aminobutírico**.

ciclosporina

* La **ciclosporina** se une a la proteína citosólica ciclofilina de los linfocitos T. Este complejo inhibe la calcineurina, enzima responsable de la transcripción de interleukina-2 (IL-2), y de la diferenciación de los linfocitos T.

* Indicaciones terapéuticas. En trasplantes de riñón, pulmón, corazón, hígado y médula ósea. También en psoriasis, dermatitis atópica, síndrome nefrótico y artritis reumatoide.

* Medicamentos. Intravenosa. **Ciqorin®** (Teva), **Sandimmun®** (Novartis).

Sirolimus o rapamicina y tacrolimus

* **Sirolimus o rapamicina** y **tacrolimus**, son macrólidos inmunosupresores aislados en cultivos de *Streptomyces hygroscopicus* (originario de la Isla de Pascua o Rapa Nui) y de *S. tsukubaensis*, respectivamente. El mecanismo de acción inmunosupresor es similar al de **ciclosporina**.

* La biosíntesis de éstos macrólidos parte de unidades de **malonil-CoA**, y de un inusual **ciclohexanocarbonil-CoA**, obtenido a partir del **ácido shikímico**. El *N* se incorpora a partir de unidades de **ácido pipecólico**, originado a partir del aminoácido **lisina**.

ciclohexano
carbonil-CoA

malonil-CoA

ácido pipecólico

tacrolimus

sirolimus o rapamicina

* Indicaciones terapéuticas. **Sirolimus:** inmunosupresión en trasplante renal asociado a **ciclosporina**. **Tacrolimus**: En aloinjertos hepáticos, renales y cardiacos. **Everolimus** (derivado semisintético de **sirolimus**), utilizado en profilaxis de rechazo de órganos.

* Medicamentos. Oral. **Tacrolimus: Adoport®** (Sandoz), **Envarsus®** (Chiesi). **Sirolimus: Rapamune®** (Pfizer). **Everolimus: Certican®** (Novartis), entre otros.

Ácido micofenólico

* Se obtiene por fermentación a partir de *Penicilium brevicompactum*, entre otras especies. Es un inmunosupresor de última generación. Inhibe la síntesis de guanosina. El **micofenolato de mofetilo**, utiliza como "prodroga" del **ácido micofenólico [véanse Apéndices 1 y 2, Ejercicio 14]**, actúa como inhibidor reversible no competitivo de inosina monofosfato deshidrogenasa y de guanilato sintetasa, con lo que se bloquea la ruta de la biosíntesis de purina.

ácido micofenólico

micofenolato de mofetilo

* Biogenéticamente, se trata de un metabolito mixto, donde el anillo aromático y la lactona se generan a partir del **acetil-CoA**, mientras que la cadena terminada en ácido carboxílico, es de origen **isoprénico [véase Capítulo 3, apdo 2.4]**.

* Indicaciones terapéuticas. Profilaxis de rechazo agudo de trasplante renal, cardiaco y hepático, asociado a **ciclosporina** y corticoides.

* Medicamentos. Oral. **CellCept**® (Roche), **Myfenax**® (Teva), **Micofenolato**® (Sandoz), **Myfortic**® (Novartis), entre otros.

2.- Antivirales inhibidores de la neuraminidasa

Oseltamivir

* El **oseltamivir**, no es un **MSA** propiamente dicho, sino que es un compuesto sintético preparado a partir de una molécula natural de gran importancia biogenética: el **ácido shikímico**. Este ácido no tiene utilidad terapéutica, pero es muy abundante en algunas **MP**, como es el caso de las Badianas de China y de Japón, *Ilicium verum* [**véanse Apéndices 1 y 2, Ejercicio 10**].

* **Oseltamivir** es un inhibidor de neuraminidasa, que es la enzima responsable de la replicación del virus de la gripe aviar. La neuraminidasa es capaz de anclarse en las mucoproteínas de las secreciones respiratorias, gracias a su afinidad por el **ácido siálico** o ácido **N-acetil-neuramínico**, abundante en los tejidos pulmonares.

ácido shikímico   oseltamivir   ácido siálico
(ácido *N*-acetil-neuramínico)

* En los años 90 la empresa Gilead Sciences (a los pocos años vendió la licencia a Hoffman La Roche por 50 millones de dólares), sintetizaron una molécula que podía mimetizar al **ácido siálico**, y de esta forma desactivar la acción de la neuraminidasa sobre individuos infectados. Para que el tratamiento sea eficaz, **oseltamivir** debe administrarse en las primeras 48 horas después de la infección del paciente.

* Indicaciones terapéuticas. Tratamiento de la gripe en niños y adultos. Prevención, profilaxis.

* Medicamento. Oral. **Tamiflu**® (Roche).

Apéndice 2

Ejercicios de Extracción, RMN y Biosíntesis (resueltos)

Ejercicio 9: RMN de análogos del farmacóforo de estatinas

* El "farmacóforo" de las estatinas (**1**), es una δ-lactona abierta, que presenta alta afinidad por la HMG-CoA reductasa, enzima que convierte al **ácido hidroximetil glutárico** (**2**) en **ácido mevalónico** (**3**) [véase **Capítulo 9, apdo 1**].

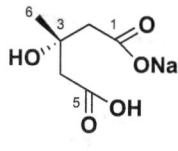
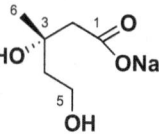

3,5-dihidroxi-heptanóico (**1**)
("farmacóforo" estatinas)
(sal sódica)

ácido hidroximetil glutárico (**2**)
(sal sódica)

ácido mevalónico (**3**)
(sal sódica)

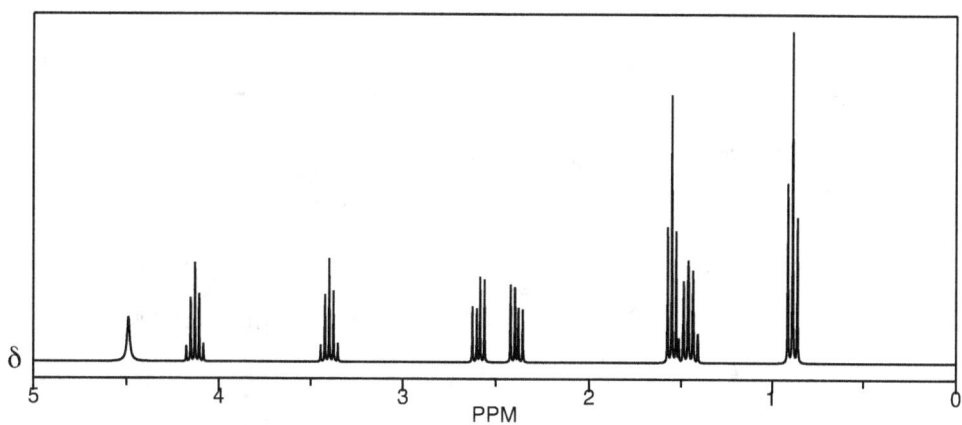

*¿A cuál de estas tres moléculas (**1**, **2** o **3**) pertenece el ^{1}H-RMN?
   a) Mide los desplazamientos químicos de cada señal: δ.
   b) Mide las constantes de acoplamiento: **J** (RMN de 300 MHz).
   c) ¿Qué sistemas spin-spin observas en el espectro?
   d) Integración: ¿cuántos H hay en cada señal?

* Información suplementaria: espectro de ^{13}C-RMN.

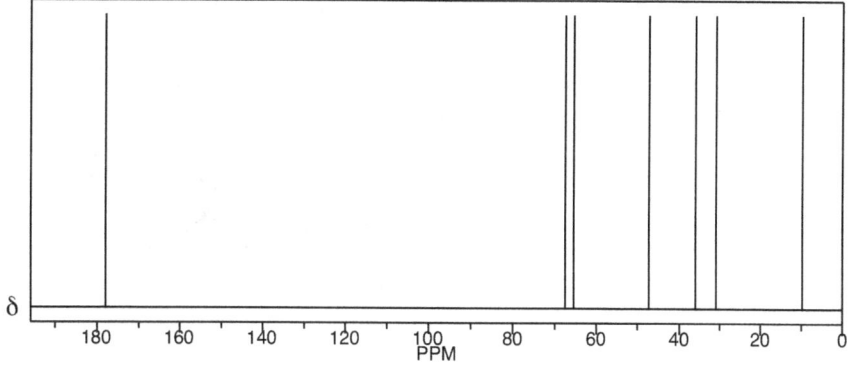

Solución al Ejercicio 9: "farmacóforo" estatinas (1)

a) acoplamientos spin-spin VECINAL del "metino" (CH) en 3

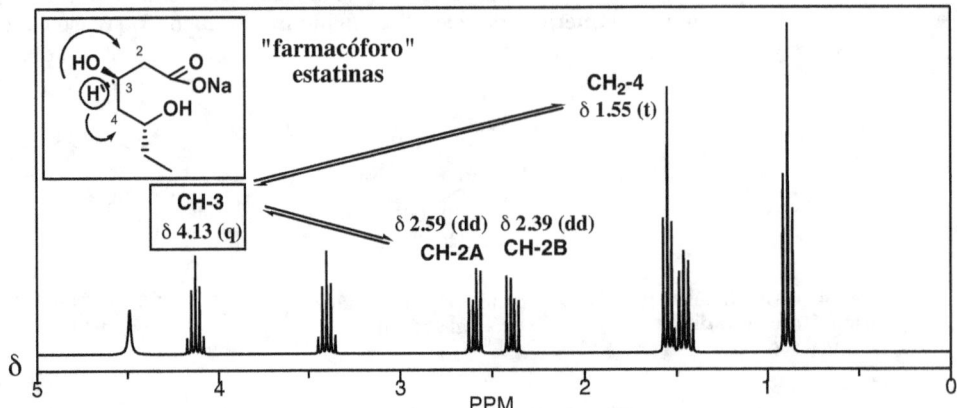

b) acoplamientos spin-spin VECINAL del "metino" en 5 y del "metileno" en 6 - regla del n+1

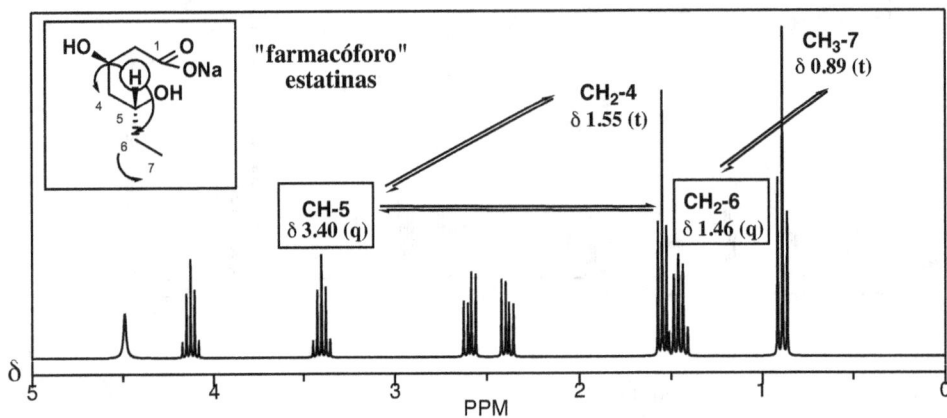

c) asignación y ctes acoplamiento (J)

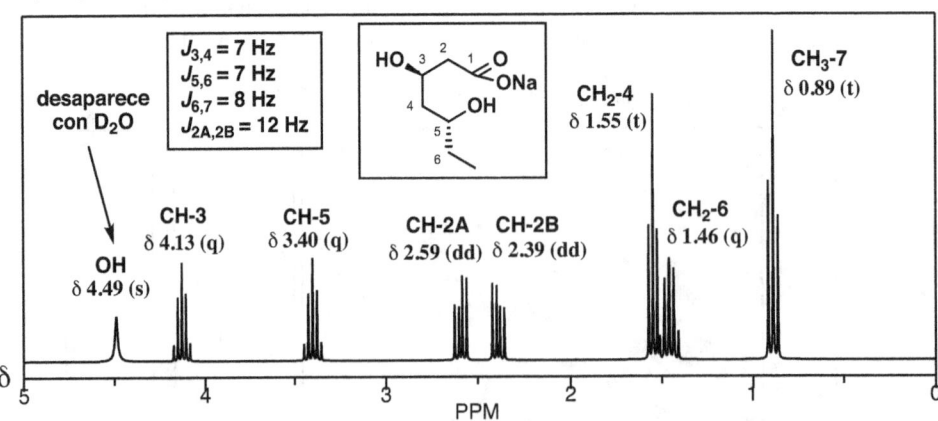

Solución al Ejercicio 9: "farmacóforo" estatinas (1)

^{13}C-RMN

d) asignación señales de ^{13}C-RMN

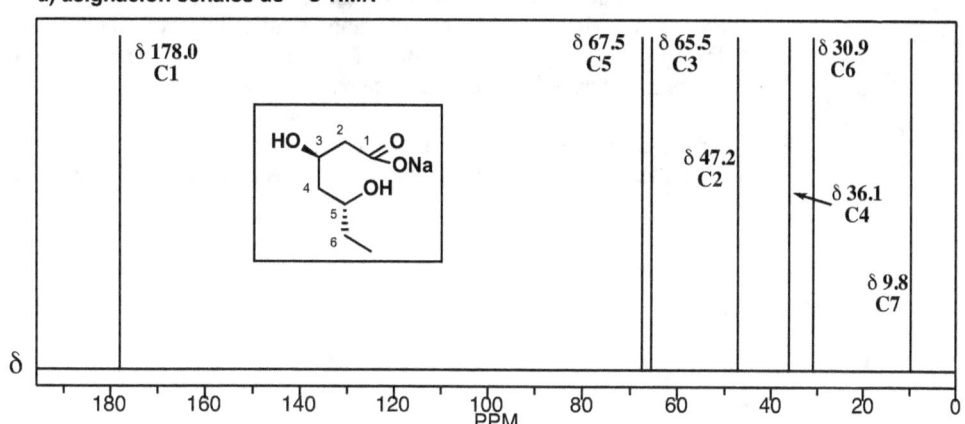

δ 178.0
C1

δ 67.5
C5

δ 65.5
C3

δ 30.9
C6

δ 47.2
C2

δ 36.1
C4

δ 9.8
C7

δ

180   160   140   120   100   80   60   40   20   0
PPM

Ejercicio 10: extracción y RMN de oseltamivir, ácido shikímico y análogos - Precursor biogenético III

10a: extracción de oseltamivir y ácido shikímico

* El éster del **ácido shikímico (1)** [**véase Capítulo 3, apdo 3**], se utiliza en la síntesis del **oseltamivir (3)**. En la etapa final se observa en CCF y en ^{1}H-RMN, que **(3)** se encuentra acompañado del producto de partida **(1)** así como de un intermediario de síntesis **(2)**.

* Teniendo en cuenta que los tres compuestos son solubles en disolventes de polaridad media, ¿qué esquema propondrías para obtener **oseltamivir (3)** puro?

ácido shikímico **(1)**
(éster etílico)

(2)

oseltamivir **(3)**

10b: RMN de análogos de oseltamivir y ácido shikímico

* El **ácido shikímico** es el principal precursor biogenético de **MSA** aromáticos. Abunda en el Anís Estrellado, de donde se aísla para ser utilizado como materia prima en la síntesis del antiviral **oseltamivir**, utilizado en la gripe aviar [**véase Capítulo 18, apdo 2**].

(1)

(2)

ácido shikímico
(éster etílico)

(3)

oseltamivir

(4)

* Los espectros de ^{1}H-RMN **A** y **B** pertenecen a dos de estas moléculas.
  a) Mide los desplazamientos químicos de cada señal: **δ**.
  b) Mide las constantes de acoplamiento: **J** (RMN de 300 MHz).
  c) ¿Qué sistemas spin-spin observas en el espectro?
  d) Integración: ¿cuántos H hay en cada señal?

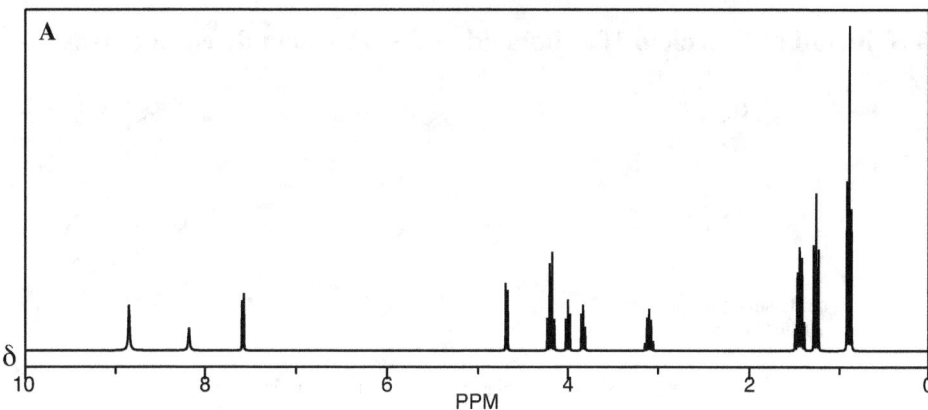

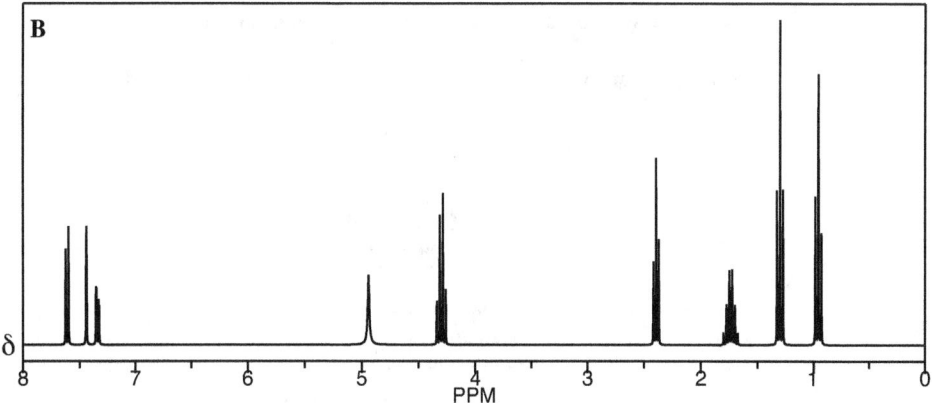

Solución al Ejercicio 10a: polaridad de la mezcla de compuestos (1-3)

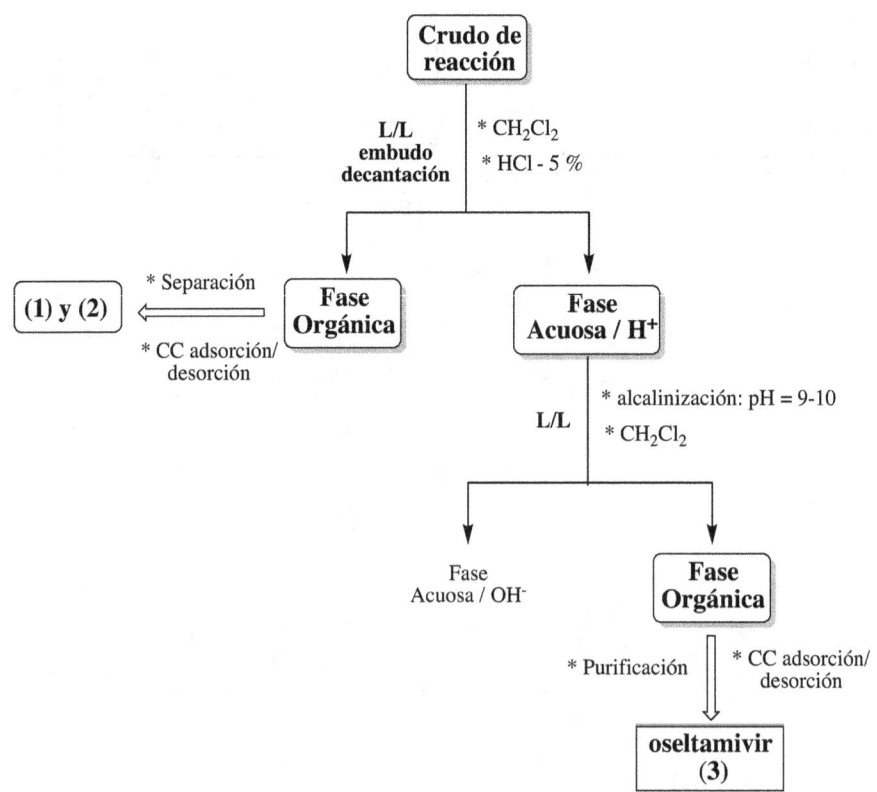

* El **oseltamivir** (**3**), presenta una amina primaria, que puede formar sales con ácidos y por tanto solubilizarse en agua.

* El éster del **ácido shikímico** (**1**) y el compuesto (**2**), no forman sales con ácidos, y son solubles en disolventes de polaridad media.

* Ambos grupos de compuestos pueden purificarse por CC de adsorción desorción.

Solución al Ejercicio 10b: RMN de análogos de oseltamivir y ácido shikímico

Espectro A = análogo (**1**)

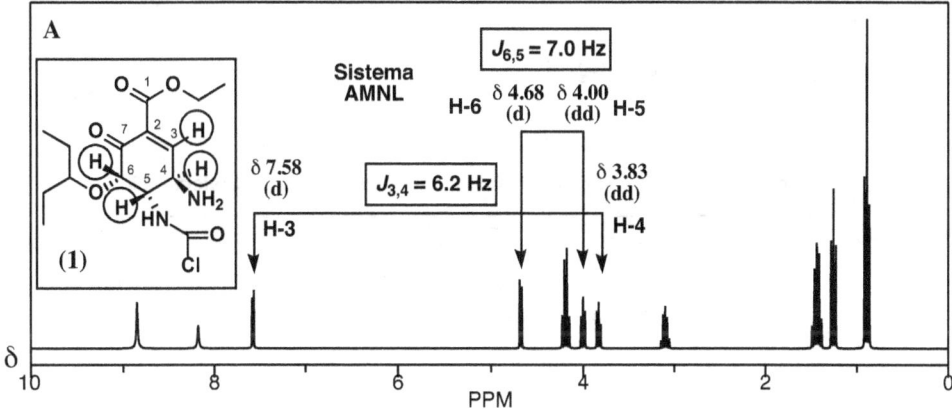

a) acoplamientos spin-spin CICLOHEXENO: H_3-H_4-H_5-H_6 Sistema AMNL

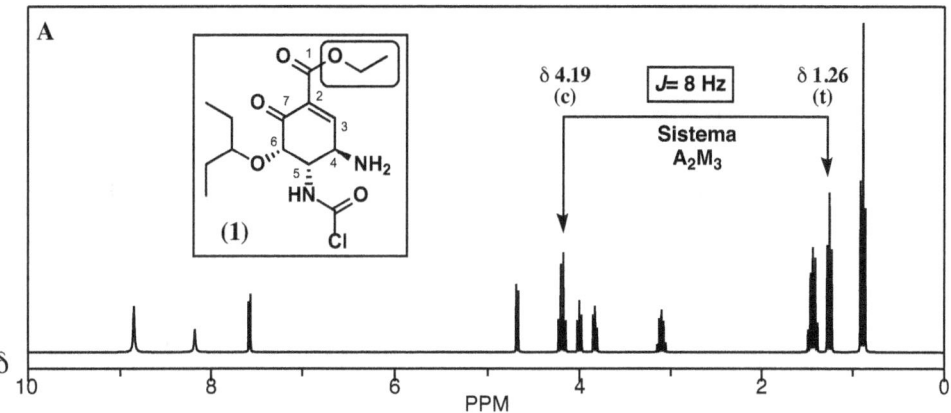

b) acoplamientos spin-spin VECINAL: CH_2CH_3 Sistema A_2M_3

c) acoplamientos spin-spin VECINAL: CHCH₂CH₃ Sistema AM₂N₃

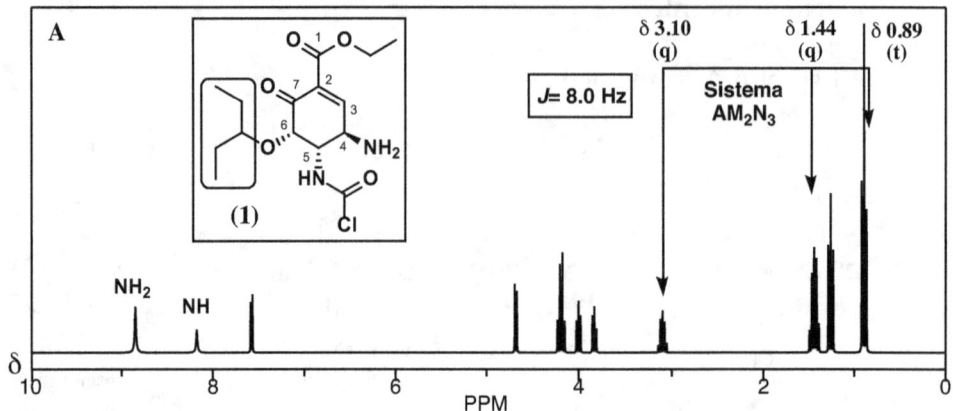

Solución al Ejercicio 10b: análogos de oseltamivir y ácido shikímico

Espectro B = análogo (2)

a) acoplamientos spin-spin AROMÁTICOS (*orto* + *meta*): H₃-H₆-H₇ Sistema ABC

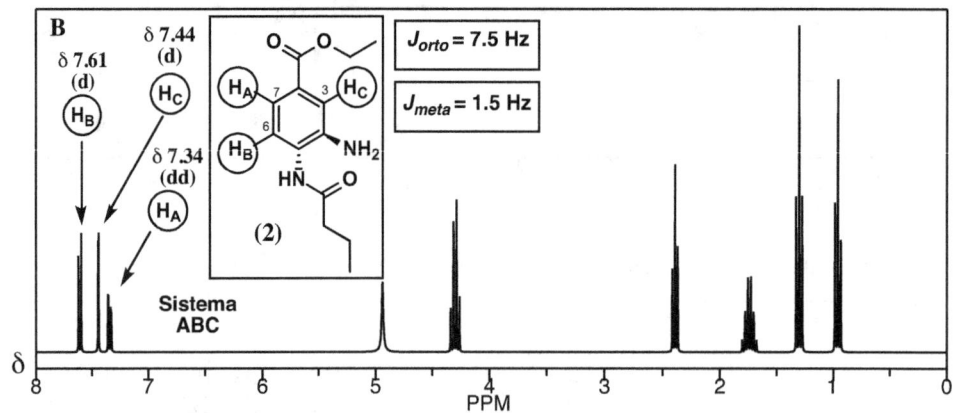

Acoplamientos spin-spin VECINALES: etilo y propilo, ver molécula (1): b) y c)

Ejercicio 11: RMN de análogos de cannabinoides

* El **THC (tetrahidrocannabinol)** es el responsable de la actividad psicoactiva del Cáñamo indiano. En su biosíntesis intervienen tanto el **ácido mevalónico**, como el **malonil-CoA [véanse Capítulo 3, apdo 2.4 y Capítulo 14]**.

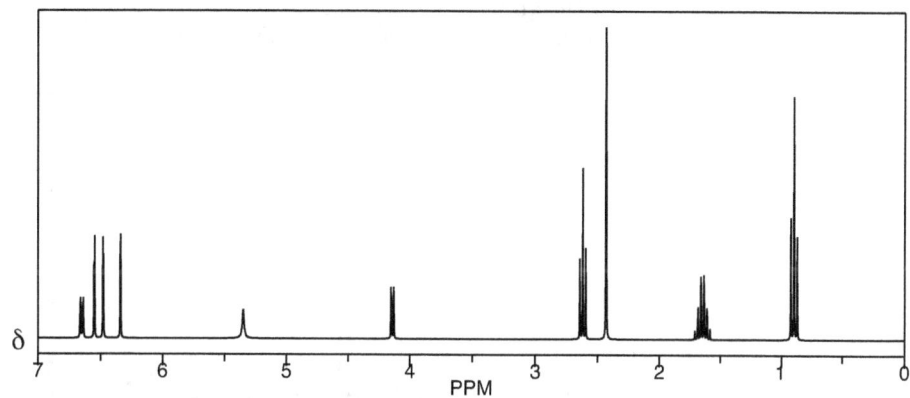

(1)   (2)   (3)

* ¿A cuál de los tres análogos de **THC** pertenece el espectro de ^{1}H-RMN?

a) Mide los desplazamientos químicos (δ) y asigna las señales en cada espectro.

b) Determina los sistemas de acoplamiento spin-spin y el valor de las constantes de acoplamiento (**J**) que cabe esperar

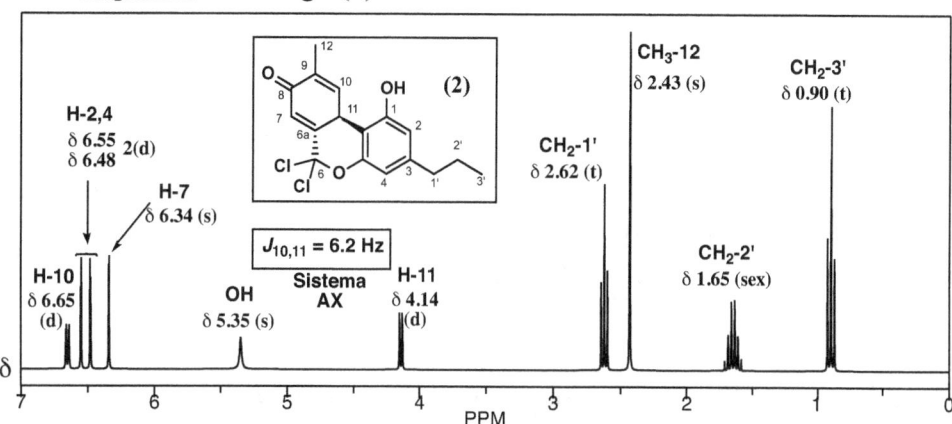

Solución al Ejercicio 11: análogos de cannabinoides

Espectro = análogo (2)

Ejercicio 12: RMN y biosíntesis del ácido rigidunóico y análogos

* El **ácido rigidunóico** (éster etílico) **(1)** se aísla en las cortezas del tronco de una Rutaceae colombiana, *Zanthoxylum rigidum*. Mediante procesos enzimáticos simples se convierte en los análogos **(2)** y **(3)**.

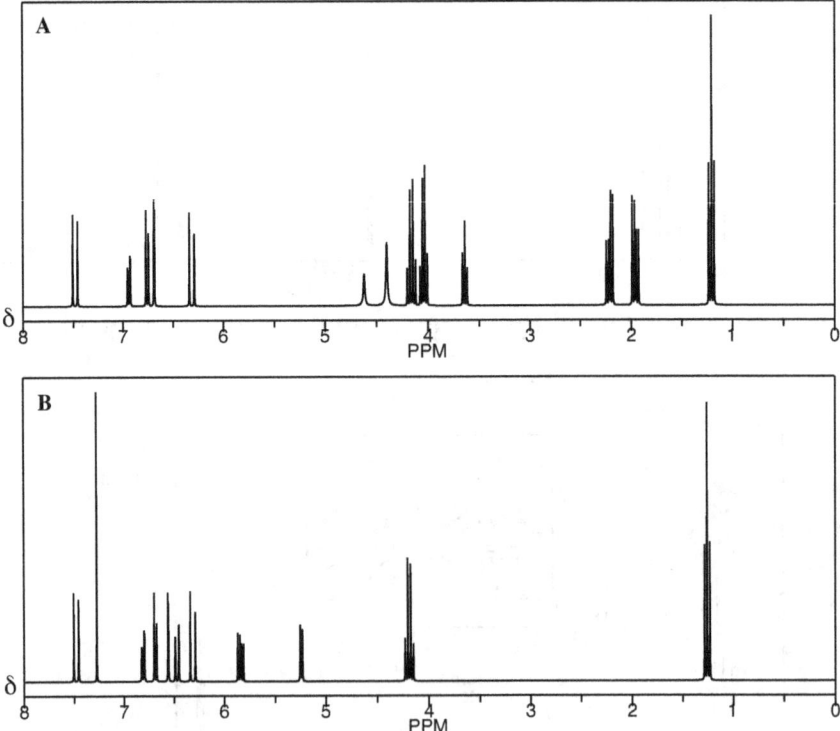

12a: RMN del ácido rigidunóico y análogos

* Los espectros de ^{1}H-RMN **A** y **B** pertenecen a dos de ellas **(1,2 o 3)**.

a) Mide los desplazamientos químicos (δ) y asigna las señales en cada espectro.

b) Determina los sistemas de acoplamiento spin-spin y el valor de las constantes de acoplamiento (***J***) que cabe esperar.

12b: biosíntesis del ácido rigidunóico

* Elabora un esquema biosintético del **ácido rigidunóico**.

Solución al Ejercicio 12a: RMN del ácido rigidunóico y análogos

Espectro A = (1)

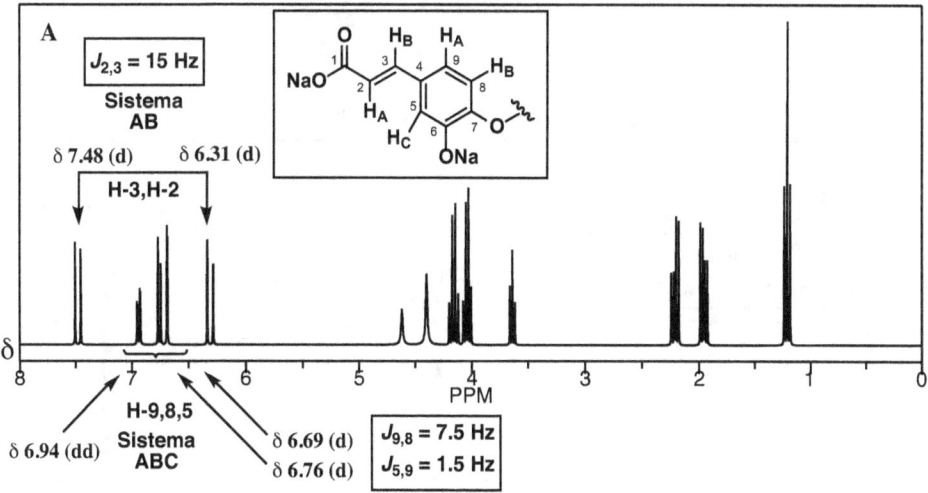

ácido rigidunóico (1)
(ester etílico)

a) acoplamientos spin-spin porción CINÁMICA: H$_2$-H$_3$ y H$_5$-H$_8$-H$_9$

b) acoplamientos spin-spin porción SHIKÍMICA: H$_{1'}$-H$_{6'}$ y H$_{1''}$-H$_{2''}$

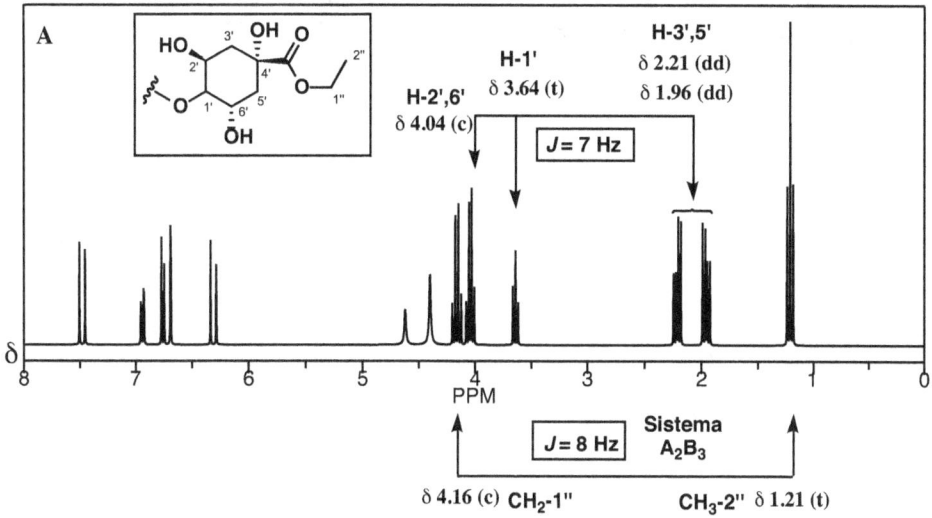

Espectro B = **(2)**

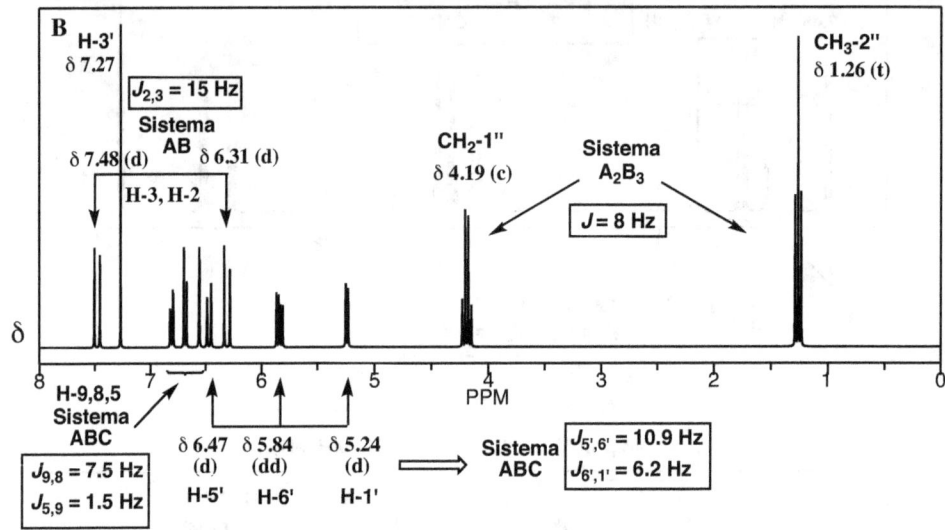

a) acoplamientos spin-spin porciones CINÁMICA y SHIKÍMICA

Solución al Ejercicio 12b: biosíntesis del ácido rigidunóico

* Biosíntesis del **ácido rigidunóico (1)** a partir del **ácido shikímico**:

porción CINÁMICA   porción SHIKIMICA

ácido rigidunóico (1)
(éster etílico)

* Biosíntesis del **ácido cinámico** [véase **Capítulo 3, apdo 3**]

* Biosíntesis del **ácido rigidunóico** (éster etílico):

Ejercicio 13: RMN de alcaloides tropánicos

* El origen biogenético de los alcaloides tropánicos es mixto. El anillo pirrolicidínico proviene del aminoácido **ornitina**, mientras que el piperidínico lo proporciona el **acetil-CoA [véanse Capítulo 4, apdo 1 y Capítulo 10, apdo 2.1]**.

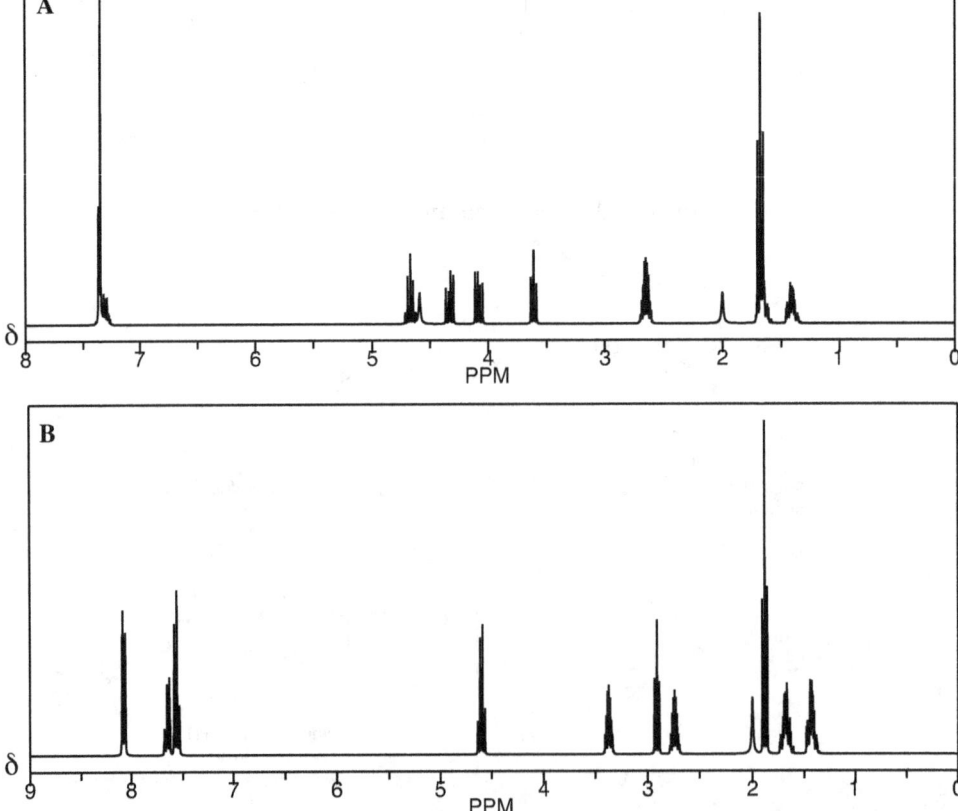

nor-atropina (1)   (-)- *nor*-escopolamina (2)   (-)- *nor*-cocaína (3)
(sal sodica)

* Los espectros de ^{1}H-RMN **A** y **B** pertenecen a dos de los **MSA (1,2 o 3)**.

a) Mide los desplazamientos químicos (δ) y asigna las señales en cada espectro.

b) Determina los sistemas de acoplamiento spin-spin y el valor de las constantes de acoplamiento (***J***) que cabe esperar.

* Información complementaria: ^{1}H-RMN del **ácido benzóico** y del **ácido trópico**.

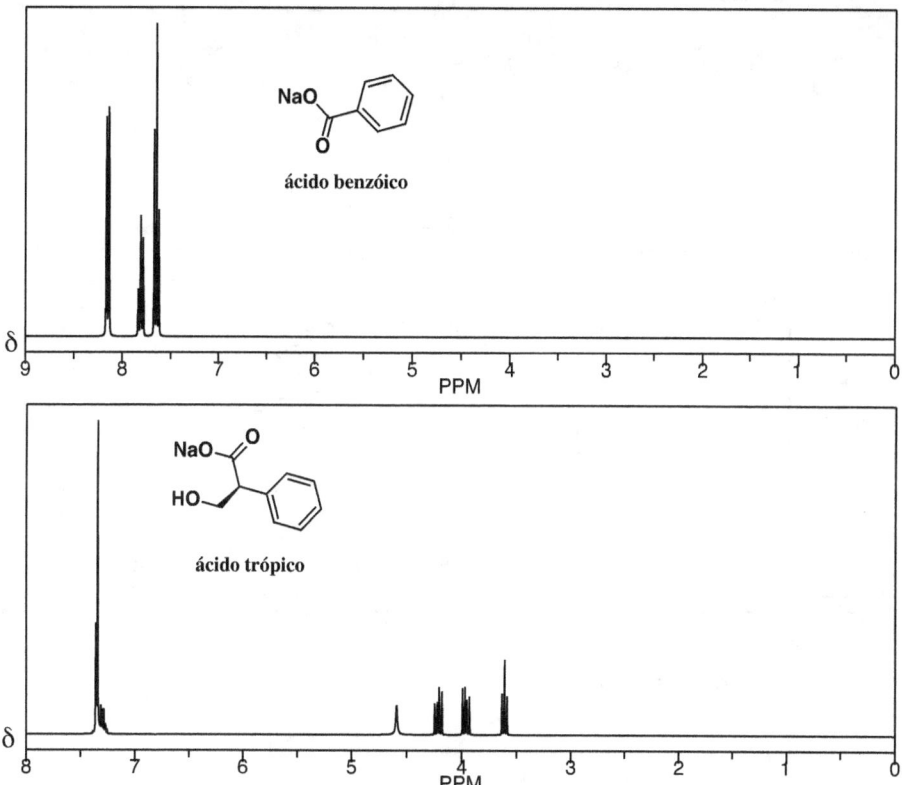

Solución al Ejercicio 13: RMN de alcaloides tropánicos

Espectro A = (1)

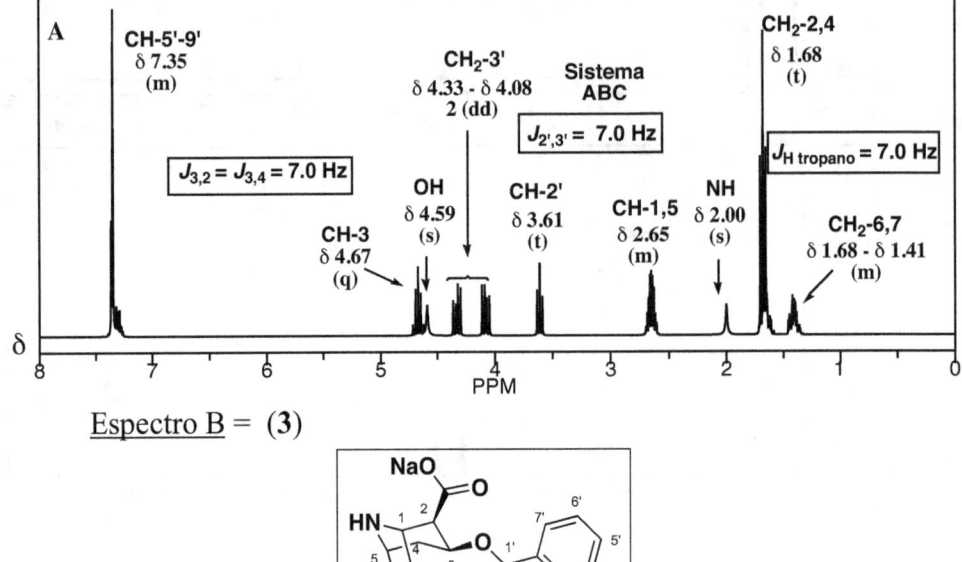

nor-atropina (1)

A

CH-5'-9'
δ 7.35
(m)

CH₂-3'
δ 4.33 - δ 4.08
2 (dd)

Sistema ABC

$J_{2',3'} = 7.0$ Hz

CH₂-2,4
δ 1.68
(t)

$J_{3,2} = J_{3,4} = 7.0$ Hz

$J_{H \text{ tropano}} = 7.0$ Hz

OH
δ 4.59
(s)

CH-2'
δ 3.61
(t)

CH-1,5
δ 2.65
(m)

NH
δ 2.00
(s)

CH₂-6,7
δ 1.68 - δ 1.41
(m)

CH-3
δ 4.67
(q)

PPM

Espectro B = (3)

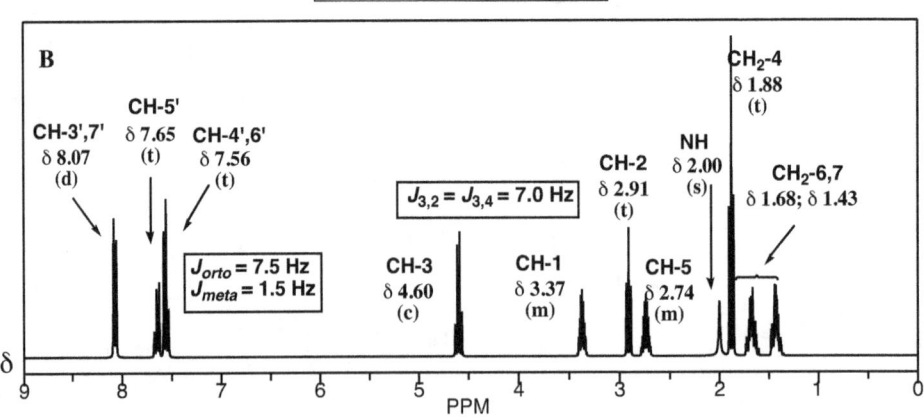

(-)- *nor*-cocaína (3)

B

CH-3',7'
δ 8.07
(d)

CH-5'
δ 7.65
(t)

CH-4',6'
δ 7.56
(t)

CH₂-4
δ 1.88
(t)

$J_{orto} = 7.5$ Hz
$J_{meta} = 1.5$ Hz

$J_{3,2} = J_{3,4} = 7.0$ Hz

CH-3
δ 4.60
(c)

CH-1
δ 3.37
(m)

CH-2
δ 2.91
(t)

NH
δ 2.00
(s)

CH-5
δ 2.74
(m)

CH₂-6,7
δ 1.68; δ 1.43

PPM

Ejercicio 14: RMN del ácido micofenólico y análogos

* El **micofenolato de mofetilo** es una "prodroga" del **ácido micofenólico**, **MSA** aislado del hongo *Penicillium stoloniferum*, inhibidor reversible de la inosina monofosfato deshidrogenasa, utilizado en trasplantes como inmunomodulador [**véase Capítulo 18**].

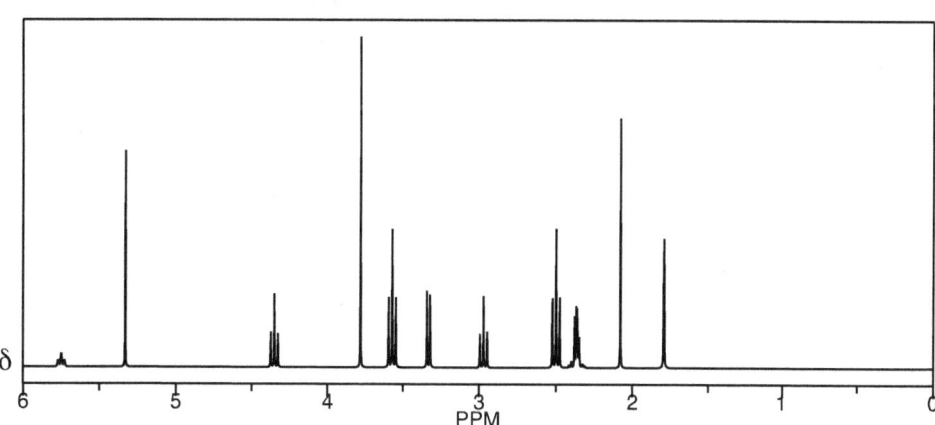

* ¿Cuál de las siguientes tres estructuras (**A**, **B** y **C**) pertenece al **micofenolato de mofetilo**, sabiendo que el espectro de ¹H-RMN que aparece a continuación corresponde a dicha molécula?

    a) Mide los desplazamientos químicos (δ) y asigna las señales en cada espectro.

    b) Determina los sistemas de acoplamiento spin-spin y el valor de las constantes de acoplamiento (J) que cabe esperar.

Solución al Ejercicio 14: RMN del ácido micofenólico y análogos

Espectro = (**B**)

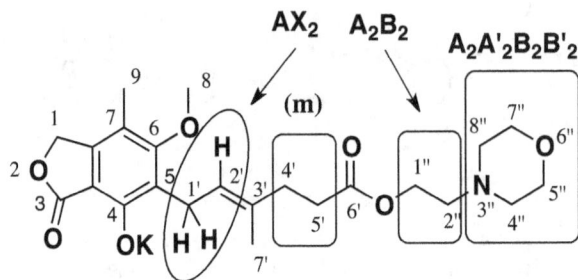

micofenolato de mofetilo (**B**)

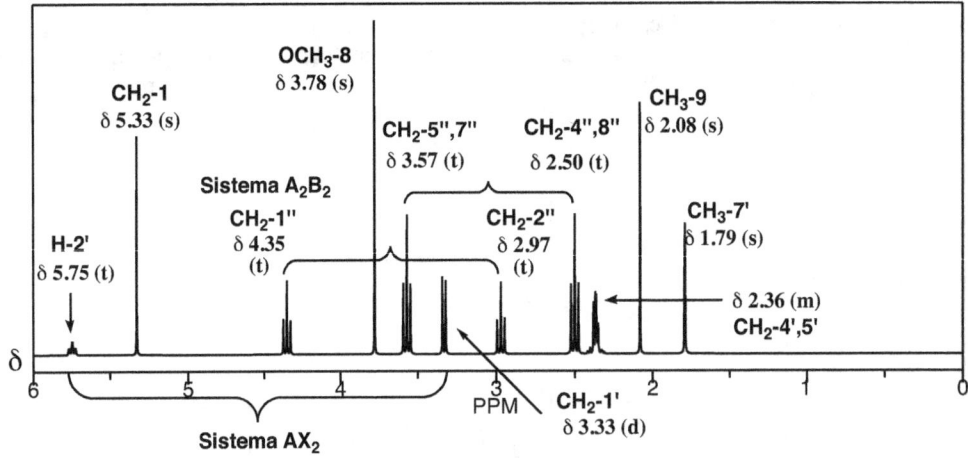

Ejercicio 15: Extracción, biosíntesis y RMN de khellina y análogos

* En los frutos de *Ammi visnaga*, Apiaceae, el componente mayoritario es la **khellina (1)**, furanobenzopirona o furanocromona espasmolítica. En la actualidad, análogos sintéticos de la **khellina (cromoglicato®** y **nedocromil®)**, se utilizan como antiasmáticos, gracias a la actividad antiinflamatoria local y a comportarse como inhibidores de la degranulación de mastocitos.

* En la misma **MP** se encuentran, los **MSA** análogos **khello-glucósido (2)** y **visnagina (3)**.

khellina (1)   khello-glucósido (2)   visnagina (3)

15a: extracción de khellina y análogos

* Elabora un esquema de aislamiento, extracción + purificación, de estos **MSA** a partir de la **MP**.

15b: biosíntesis de khellina y análogos

* La **khellina** y la **visnagina** son dos metabolitos mixtos. Diseña un esquema biosintético de formación de ambos **MSA**, sabiendo que las moléculas **A** y **B** son dos de los intermedios.

A   B

15c: RMN de khellina y análogos

* El espectro de ¹H-RMN-**A** que aparece a continuación pertenece a uno de los siguientes tres análogos de **khellina**: **1**, **2** o **3**.

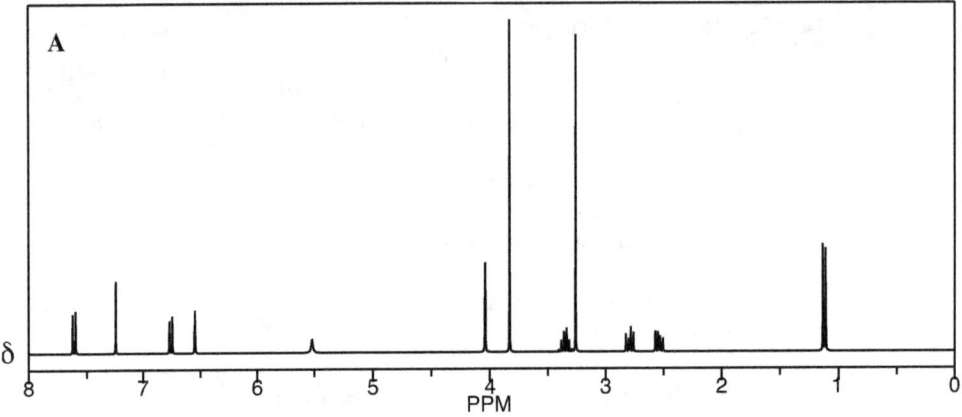

a) Mide los desplazamientos químicos (δ) y asigna las señales en cada espectro.

b) Determina los sistemas de acoplamiento spin-spin y el valor de las constantes de acoplamiento (*J*) que cabe esperar.

* Al tratar uno de los tres compuestos (**1**, **2** o **3**) con polvo de Mg y HCl concentrado [**véase detección de flavonoides: Capítulo 6, apdo 1**], se obtiene el compuesto **4**, cuyo espectro de ¹H-RMN-**B** aparece a continuación. Propón la estructura y asigna las señales.

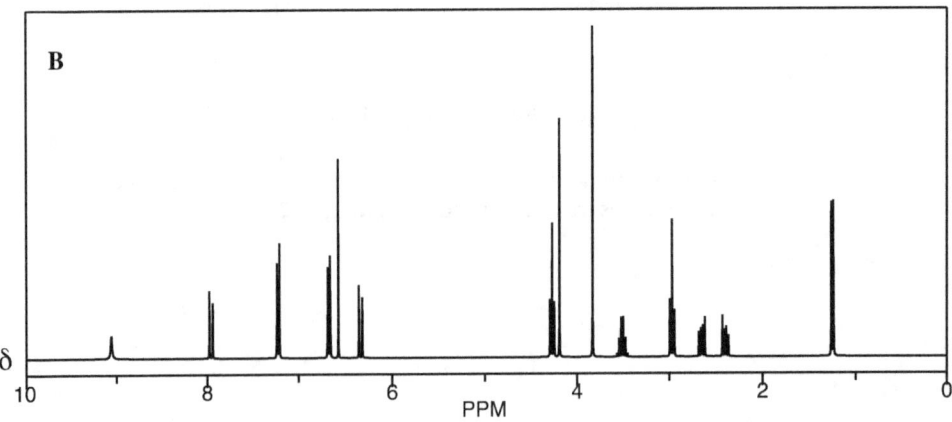

Solución al Ejercicio 15a: extracción de khellina y análogos

* Elabora un esquema de aislamiento, extracción + purificación, de estos **MSA** a partir de la **MP**.

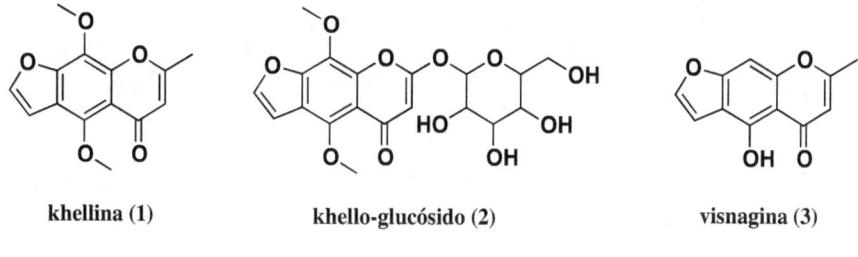

khellina (1)   khello-glucósido (2)   visnagina (3)

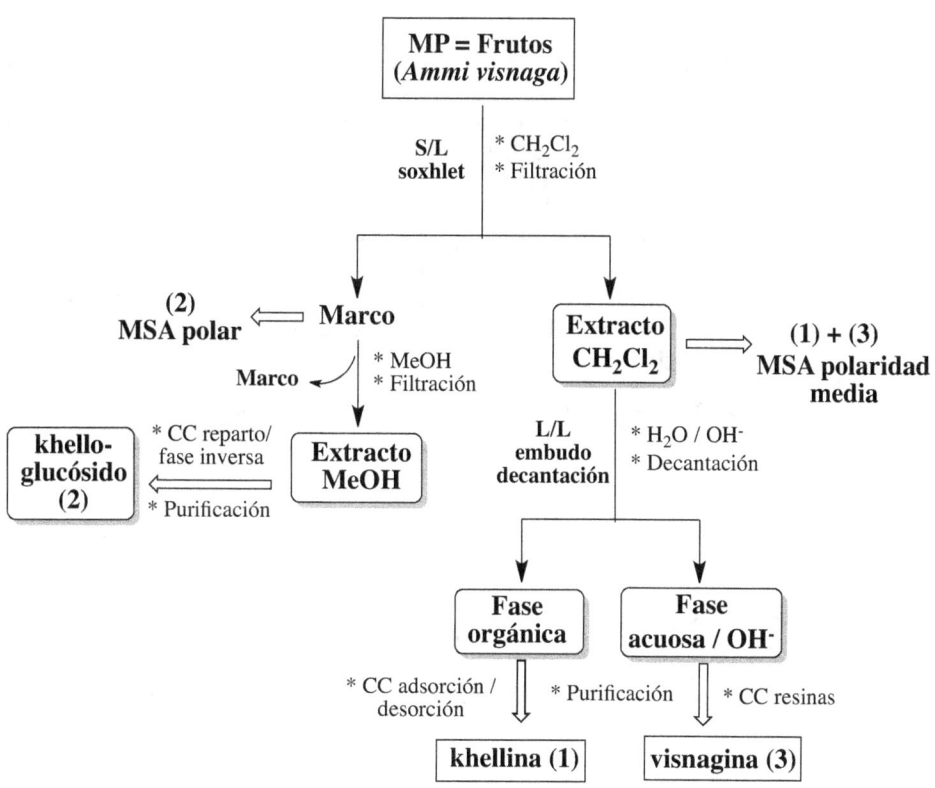

Solución al Ejercicio 15b: biosíntesis de khellina y análogos

* La **khellina** y la **visnagina** son dos metabolitos mixtos. Diseña un esquema biosintético de formación de ambos **MSA**, sabiendo que las moléculas **A** y **B** son dos de los intermedios.

A   B

* Se trata como en el caso del **ácido micofenólico [véase Capítulo 3, apdo 2.4]**, de metabolitos mixtos: **acetil-CoA + isopreno**. La **khellina** y la **visnagina** se biosintetizan a partir de una reacción de Claisen intermolecular con cinco unidades de **acetil-CoA**. La enolización se encuentra favorecida por la formación del anillo aromático.

* A continuación, el anillo piránico se origina mediante ataque nucleofílico tipo Michael del OH sobre el enol, seguido de la pérdida del grupo saliente. Se produce a continuación una *C*-alquilación mediante ataque electrofílico de la posición 6 del benzopirano (en *orto* de dos OH fenólicos), sobre una unidad de **DMAPP**.

* La epoxidación del doble enlace de la cadena isoprénica, seguida del ataque nucleofílico del par de electrones del OH en *orto*, da lugar a la formación del ciclo dihidrofurano con cadena isopropanol. La posterior oxidación, seguida de metilación, genera las furanocromonas, **khellina** y **visnagina**.

Solución al Ejercicio 15c: RMN de khellina y análogos

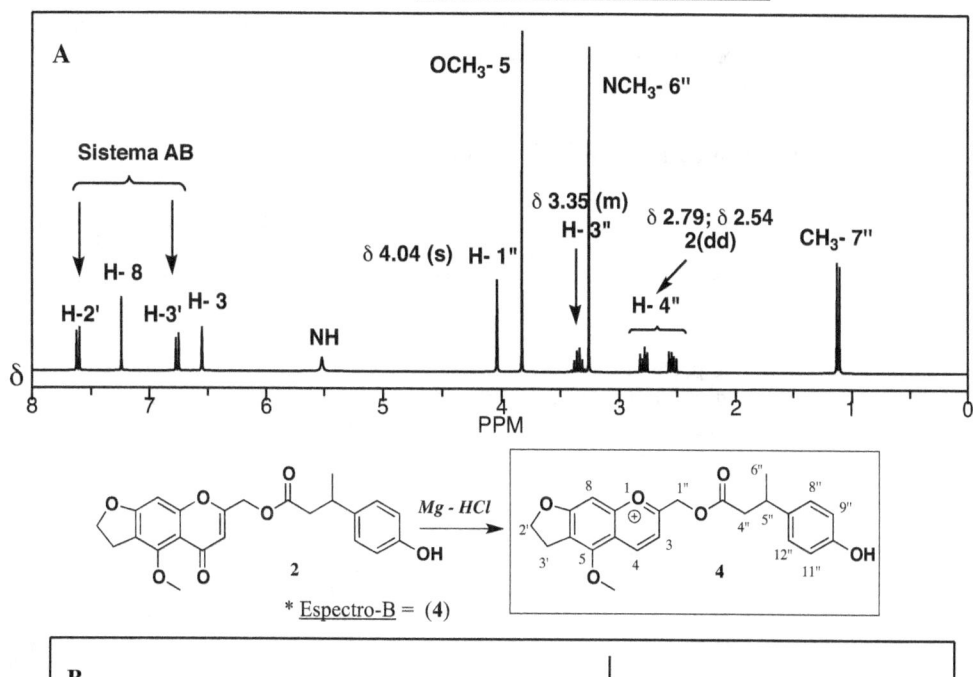

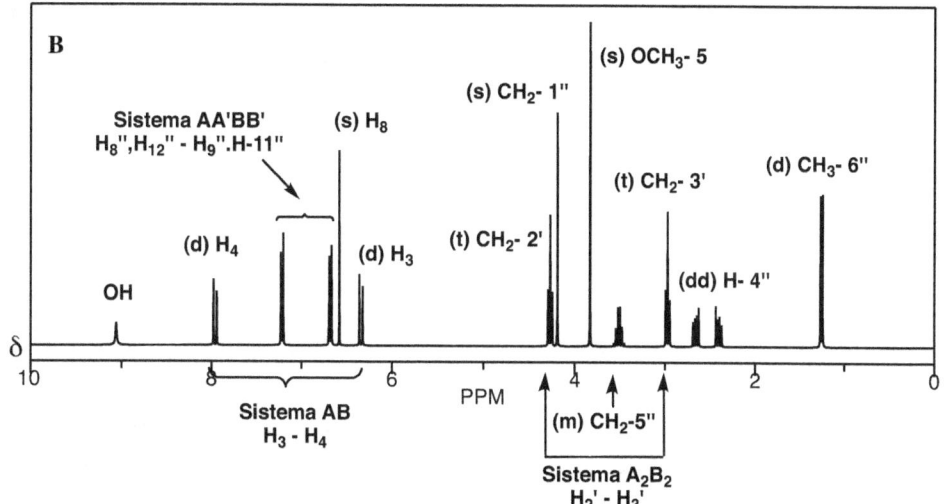

Ejercicio 16: Biosíntesis de gosipol

* Las semillas de Algodón, *Gossypium hirsutum* y *G. arboretum*, Malvaceae, contienen celulosa, proteínas y 1 % de un dímero denominado **gosipol**. Este **MSA** fue utilizado en China como anticonceptivo masculino, ya que produce oligospermia y pérdida de movilidad de los espermatozoides.

gosipol

* Elabora un esquema de biosíntesis de **gosipol**, a partir de su precursor biogenético, sabiendo que su estructura presenta dos unidades de 15 átomos de carbono.

Solución al Ejercicio 16: Biosíntesis de gosipol

* **Gosipol** es un dímero sesquitérpénico aromático. En efecto, podemos observar la disposición isoprénica de sus subtituyentes. El precursor biogenético será el **farnesil PP** (C15), que por ciclación origina el catión cadinil [véase Capítulo 3, apdo 4.3].

* A partir del catión cadinil, y a través de varios procesos oxidativos, se origina una forma resonante que se duplica mediante un mecanismo radicalar. Se forman dos atropoisómeros. El isómero (-) es el que tiene actividad contraceptiva, mientras que el isómero (+) es tóxico.

Ejercicio 17: RMN de pseudopterosina y análogos

* La **pseudopterosina**, es un **MSA** marino diterpénico [**véase Capítulo 3, apdo 4.4**], aislado en *Pseudopterogorgia elisabethae*, Gorgonia recolectada en aguas del Caribe. Actua inhibiendo la desgranulación de los neutrófilos y antagoniza enzimas de la cascada del **ácido araquidónico**: ciclooxigenasa y lipooxigenasa.

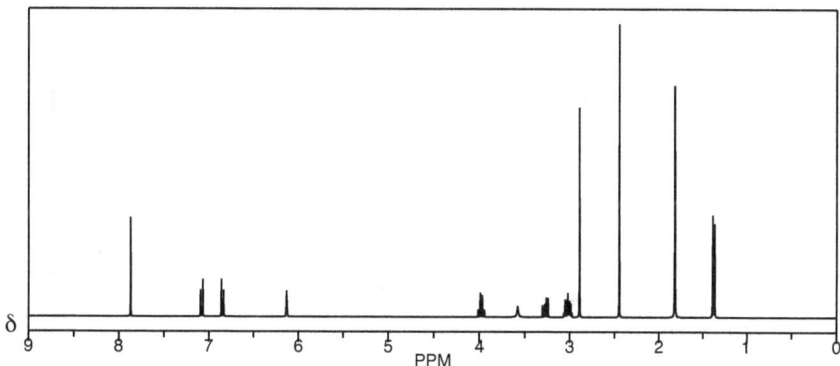

* ¿A cuál de estos tres análogos de la **pseudopterosina** (A, B y C) pertenece el espectro de ¹H-RMN?

a) Mide los desplazamientos químicos (δ) y asigna las señales en cada espectro.

b) Determina los sistemas de acoplamiento spin-spin y el valor de las constantes de acoplamiento (J) que cabe esperar.

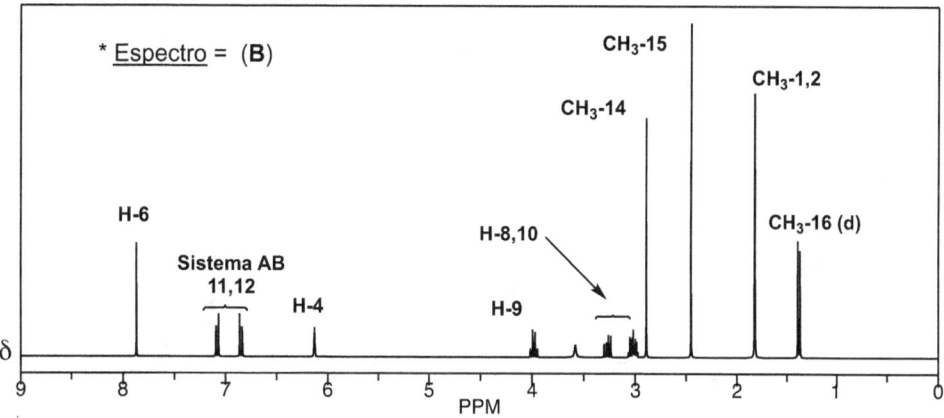

Solución al Ejercicio 17: RMN de pseudopterosina y análogos

Ejercicio 18: RMN de oleuropeósido y análogos

* La hoja de Olivo, *Olea europaea* (Oleaceae), posee propiedades hipotensoras. Contiene secoiridoides [véase Capítulo 3, apdo 4.2], siendo el mayoritario el **oleuropeósido**, que es un potente antioxidante, y el dialdehído **oleacina**.

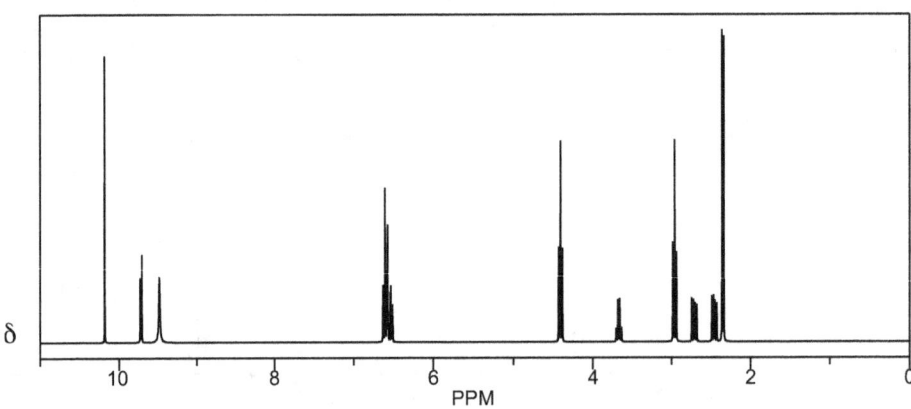

oleuropeósido (1)   oleacina, análogo (2)

¿A cuál de estas dos moléculas (**1** o **2**), pertenece el espectro de ^{1}H-RMN?
　　a) Mide los desplazamientos químicos (δ) y asigna las señales en cada espectro.
　　b) Determina los sistemas de acoplamiento spin-spin y el valor de las constantes de acoplamiento (J) que cabe esperar.

Solución al Ejercicio 18: RMN de oleuropeósido y análogos

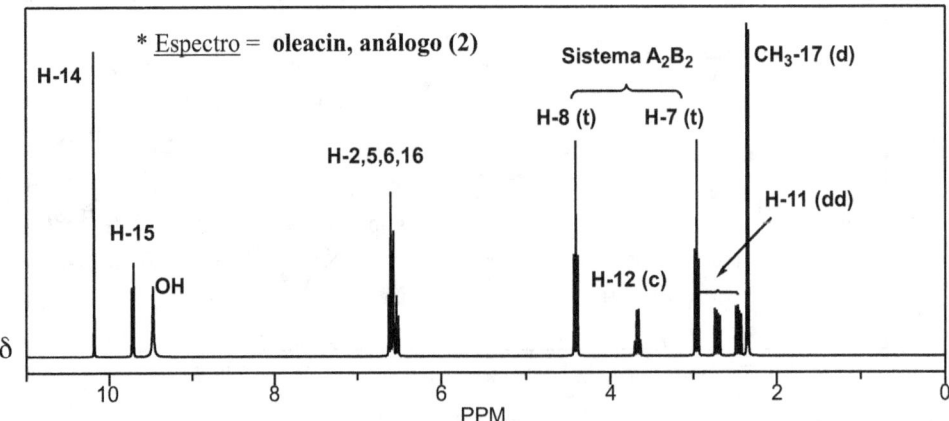

Índice de materias

293

Referencias Bibliográficas

295

Libros de consulta

* Avendaño, C. *Introducción a la Química Farmacéutica*, 2ª Ed., McGraw-Hill, Madrid 2001.

* Bruneto, J. *Pharmacognosie. Phytochimie. Plantes médicinales*. 5ª Ed., Lavoisier, Paris 2016.

* Cortes, D. *Farmacoquímica Natural*. DC, Valencia 2007.

* Crews, P., Rodríguez, J. y Jaspars, M. *Organic Structure Analysis (Topics in Organic Chemistry)*. 2ª Ed., Oxford University Press, New York 2009.

* Dewick, P. M. *Medicinal Natural Products. A Biosynthetic Approach*. 3ª Ed., Wiley, Chinchester 2009.

* Flórez, J., Armijo, J. A. y Mediavilla, A. *Farmacología humana*. 6ª Ed., Masson, Barcelona 2014.

* Kirkiacharian, S. *Guide de chimie médicinale et médicaments*. Lavoisier, Paris 2010.

* Koskinen, A. *Asymmetric Synthesis of Natural Products*. 2ª Ed., Wiley, New York 2012.

* Lednicer, D. *Strategies for Organic Drug Synthesis and Design*. 2ª Ed., Wiley, New York 2009.

* Marco, J. A. *Química de los productos naturales*. Síntesis, Madrid 2006.

* Nelson, D. L. y Cox, M. M. *Lehninger. Principios de Bioquímica*. 5ª Ed., Omega, Barcelona 2009.

* Pérez Arellano, J. L. *Manual de Patología General*. 6ª Ed., Masson, Barcelona 2006.

* Pretsch, E., Bühlmann, P. y Badertscher, M. *Structure Determination of Organic Compounds. Tables of Spectral Data*. 4ª Ed., Springer, Berlin 2009.

* Rang, H. P., Ritter, J. M., Flower, R. J. y Henderson, G. *Rang y Dale Farmacología*. 8ª Ed., Elsevier, Barcelona 2016.

* Raviña, E. *Medicamentos. Un viaje a lo largo de la evolución histórica del descubrimiento de fármacos*. Universidad de Santiago de Compostela, 2008.

* Repertorio búsqueda de medicamentos on line: http://www.portalfarma.com

* Thomas, G. *Medicinal Chemistry. An Introduction*. 2ª Ed., Wiley, New York 2008.

* Villa, L. F. (dirección y coordinación). *Medimecum. Guía de terapia farmacológica*. 22ª Ed., Springer, Madrid 2017.

* Vollhardt, K. P. y Schore, N. E. *Química Orgánica. Estructura y función*. 5ª Ed., Omega, Barcelona 2008.

www.ingramcontent.com/pod-product-compliance
Lightning Source LLC
Chambersburg PA
CBHW081554220526
45468CB00010B/2656